城市规划经典译丛

# 城市和郊区的生态设计

## Ecodesign for Cities and Suburbs

[美]乔纳森·巴奈特
[加]拉里·比斯利　著

冷　红　肖雨桐　译

中国城市出版社

著作权合同登记图字：01-2016-8831号

图书在版编目（CIP）数据

城市和郊区的生态设计 /（美）乔纳森·巴奈特，（加）拉里·比斯利著；冷红，肖雨桐译 .—北京：中国城市出版社，2020.9
（城市规划经典译丛）
书名原文：Ecodesign for Cities and Suburbs
ISBN 978-7-5074-3283-1

Ⅰ. ①城…　Ⅱ. ①乔…　②拉…　③冷…　④肖…　Ⅲ. ①城镇—生态环境建设—城市规划　Ⅳ. ①TU984

中国版本图书馆CIP数据核字（2020）第093289号

责任编辑：戚琳琳　孙书妍
责任校对：张　颖

城市规划经典译丛
## 城市和郊区的生态设计
Ecodesign for Cities and Suburbs

[美]乔纳森·巴奈特
[加]拉里·比斯利　　　著
冷　红　肖雨桐　　　译

＊
中国城市出版社出版、发行（北京海淀三里河路9号）
各地新华书店、建筑书店经销
北京点击世代文化传媒有限公司制版
北京富诚彩色印刷有限公司印刷
＊
开本：787×1092 毫米　1/16　印张：13¼　字数：252千字
2020年8月第一版　2020年8月第一次印刷
定价：149.00元
ISBN 978-7-5074-3283-1
（904269）

献给诺瑞（Nory）

——J·乔纳森·巴奈特（Jonathan Barnett）

首先也是最重要的是献给我的合作伙伴，桑迪（Sandy）

献给我的导师，雷（Ray）

献给我的朋友，鲍勃（Bob）

并以此书纪念玛丽安·坎贝尔（Marion Campbell）女士

——拉里·比斯利（Larry Beasley）

# 目录

# 第1章　生态设计：改变城市增长模式

当全球大多数人口都迁移到城市里生活，城市反而演变为并不适合日常生活需要的形式，这其实是关于现代社会的一个巨大讽刺。而当这种形式的城市遍布全世界时，就演化出了一种与人们的生活环境并不兼容的城市化形态。因此，人们的居住地与其周围环境存在着巨大的矛盾。当越来越多的人口搬到城市和城市郊区生活之后，人们就会变得更加不满足，随之而来的是对整个地球操作系统释放越来越大的压力。最终演变成目前这种危险的状况。

立法机构和公众对于可持续性的认识大大促进了空气质量和水质量的改善，但仍然有大量问题存在，尤其是关于二氧化碳的排放问题，人们对于是否能在不损害经济增长的情况下解决这些问题持很大的怀疑。

新的城市设计方案和导则致力于推动发展、保护和修复老旧地区，建设受人喜爱的公共空间，使得许多城市变得更加宜居；但是，大多数房地产投资商仍然沿用着不能创造具有吸引力城市空间的常规城市结构，并且城市的增长对于自然景观平衡的不断破坏已经远远超出了城市扩张的必要承受范围。

在发达国家，新的建筑几乎都是在经过复杂和常常有争议的官方批准程序之后才开始建造的，而之后建造的建筑通常遵循过于简单的发展模式，这种发展模式忽视了人类需求的多样性和自然环境的复杂性。人们常常认为，政治上的僵局和房地产市场的力量使得一个更可持续和宜居的增长模式变得不可能。

我们并不同意这个观点，原因有两个：

第一，城市增长是在城市许多组成部分的相互作用下产生的，并且这些组成部分中的每一部分都已经在某些地方经过明显的改进。如果这些组成部分的所有改进可以集合在一起，那么将产生一个非常特别并且出色的增长模式。一些地区很早就已经开始改进，至少在区域层面改进了目前正在实施的增长模式。在这本书中，我们从已经成为现实的创新中集合了一些高级增长模式的各个组成部分。因此，在我们所描述的案例中，其政治和经济可行性是已经确立的。

第二，那些曾经警告过21世纪末气候变化的科学家们现在告诉我们，目前气候正在发生着重大的变化，这些变化使沿海和河流的城市遭受越来越大的风暴潮、更严重的干旱危机以及食物供应问题，并且还会造成饮用水短缺以及居住区的森林火灾。如何适应已经发生的气候变化和防止未来将要发生的最严重的气候变化，使得保护自然系统和重塑房地产开发成为一个迫在眉睫的问题，而且这并不仅仅是一个为了后代生存的问题。

## 提升可持续性和城市设计案例

一般而言，一个地区如果要改善城市的增长模式至少会从一个非常简单的想法开始：缩短家庭居住区和工作场所的距离。时间回到 20 世纪 80 年代，在位于加拿大西海岸一个三角形河流分支和入海口旁边的城市——温哥华，人们曾非常担心新建道路和桥梁的成本较为高昂。市民领导人认为，将增长的人口集中到一些密集的城镇中心比购买需要支撑城市扩张的昂贵的基础设施要更便宜和容易些，他们认为这一想法在大多数就业岗位所在的内城尤为重要。这个内城位于一个大半岛上，它通过替换废弃的铁路场地和工业区来产生许多的城市扩张空间。这一想法已开始实施并产生了一种丰富而全面的全新北美生活方式，这其中增加了有关宜居性、环境兼容性、财政管理、企业管理和包括公众参与在内的先进理念，并且这种生活方式可以被看作是一种对优雅的城市设计的强调。之后，在 20 世纪 90 年代初，大量涌入的新投资将这些想法付诸行动，整个内城急剧转变，创造了大众所熟悉的"温哥华主义"。

这次内城转变的结果有目共睹（图 1-1）。目前，超过 11 万人口在城市核心地区舒适地生活着，而这一地区采取了高密度、混合土地使用、适宜步行和亲切的城市规划方式。这些人口不仅包括"单身人士"和"空巢老人"，还包括数千个有子女的家庭、低收入家庭和有特殊需要的人群。一系列拥有各类住房、地方商店、分散的工作场所以及商业和社区服务的社区围绕着一个仅提供 30 万个就业机会的商业中心。这些社区平均布局在由一个较为发达的开放空间系统构建的框架内，这个开放空间系统包括公园、海滩、人行通道和受保护的自行车道，工作、住房、娱乐和日常活动的出发地和目的地之间的距离都很近，超过 60％ 的出行是通过非机动的手段。步行占了其中的绝大部分，但是其他的非机动出行手段中也不乏骑自行车，甚至旱冰鞋。其余出行方式则大多数是机动的，包括使用当地的公交系统和长途铁路快速交通系统。同时，虽然城区的范围一直在扩张，但是每年开车进入核心城区的通勤者数量越来越少，取而代之的是更为完善的运输和更近的通勤距离。选择步行作为出行方式的时间通常很短，一般为 15 ~ 20 分钟或者更短，并且从核心城区的一端走到另

图 1-1　温哥华市中心改造是生态设计运动的一个成功案例。煤港（Coal Harbour）社区景观展示了在联排别墅裙楼之上亭亭玉立的点式高层，有着良好的面向沿海滨公园的开放视野。公园和住宅区用地是从一个不再使用的铁路围场回收的。这个新社区是典型的温哥华式社区：有着城市的密度，但同时也具备出色的基础设施

一端仅需花费不超过 35 分钟的时间。步行和骑自行车已经成为在城市中理所当然的出行方式，从而使运动成为日常活动。步行是舒适、愉快和健康的，比汽车甚至公交都更方便。虽然汽车出行的灵活性很强，但城市活动并不会因此考虑汽车或给它充足的空间。没有一条高速公路是可以通向市中心的，市内也几乎没有地面停车场。一些旧的汽车基础设施正在被拆除，土地则被用于其他不同的用途。街道系统支持所有的交通模式，并且公共领域成为一个将一切联系在一起的完整网络（图 1-2）。

温哥华的内城建设重点强调了舒适性，即有吸引力的建筑和景观、受保护的山水景观、减少恶劣天气影响的避风亭、文化和社区设施、夜生活、有活力的人行道文化和具有家庭氛围的社区（图 1-3），这个公共设施联合体的几乎所有成本均由开发商提供的新项目担保，而且几乎不需要从税基或公共借款中提取资本资金。

温哥华的海岸线也已经通过重建恢复了原有的海洋生态，现在的地方景观中还可以包含城市中的野生动物。而且在城市中，废物回收利用到处可见，地方性的能源工厂正在扩张。曾经举办过 2010 年奥运会的一个村庄的社区因其对废弃物、水和能源系统较为先进的管理而获得了 LEED（能源和环境设计领导）铂金社区认证。原

图1-2　在温哥华市的内城，所有不同类型家庭的住房都位于相互连接的公园景观中，公园以步行和骑自行车的交通方式优先，并且有着良好的交通道路。这里是在福斯湾北区的步行道／自行车路，是另一个废弃的铁路围场开发改造的

图1-3　温哥华核心区的新开发主要是有着一系列公共设施的相连社区，当地的购物和街道景观很适宜居民步行。在东南福斯湾的中心，我们看到有一个供社区内居民每天聚在一起的地方。这种开发是公私合作的一个强有力案例，最初建于2010年的奥运村，如今已被私人投资重新利用

生态的农业在这个社区内的各处都受到保护，并且该地区的总体密度大约是附近相近规模的城市——西雅图的2倍。温哥华的核心城区和北美地区的任何地方一样，均接近实现碳平衡。

在政府参与温哥华的内城规划之前就已经有成千上万的人参与其总体规划和区域规划。但是，政府随后接过了内城规划的领导权并受到了民众的广泛支持。内城整体都经过精心和全面的规划，并且重塑了法规的整体构架。在这种新型管理制度中，温哥华的开发管理虽然基本没有固定的条例，但是其核心城区的城市设计却是世界范围内表达意图最为清晰和规范的城市设计之一。规划管理条例不仅是灵活的，而且还提供了鼓励发展的机会。开发被视为一种特权，而不是一种权利，决策要经过协商谈判。所有建议均须经同行评审及公众评审，具体的开发批准也都是在市议会的政治环境之外公开进行的。政治家们采用计划和政策审核开发过程，但是开发程序的日常决策是由有经验的专业人士决定的，并谨慎地参考市民、同行和提议者的意见。

## 其他有关新增长模式的成功案例

除了温哥华，其他一些城市的市中心、郊区中心和社区建设在新增长模式方面也有了相当大的进步。尽管这些地方仍然受城市中的不公平和衰退现象所影响，但和20世纪70年代相比，它们的市中心已经处于一个非常合适的位置。波士顿、旧

金山、多伦多和南卡罗来纳州查尔斯顿（Charleston）等城市都是具有重要意义的成功案例之一。赫尔辛基是位于加拿大和美国之外的一个成功案例，目前该城市正处于将老工业区改造成具有吸引力的新社区的过程中，以吸纳那些如果不开发就会流失到郊区的发展机会。位于斯德哥尔摩的哈默比塞奥斯塔（Hammarby Sjöstad）则是一个在可持续发展城区建设方面的典范，还有哥本哈根、墨尔本和纽约都是在建设步行和自行车友好型城市方面的成功案例。此外，在波士顿、马德里和首尔，新的城市景观已经修复了之前旧的高架公路所产生的破坏性影响。在这些地方，以交通为导向的城市发展开始给郊区带来一种新的结构；还有许多值得一看的紧凑舒适型居住区以及令人赏心悦目的新旧混合公共场所建设方面的案例，这些案例在保护古老的历史建筑和街区、鼓励建立实用便利的混合功能商业中心和增强单体建筑可持续性方面都取得了巨大的进展。

　　这些进展大部分都要归功于政府、社区和市民建立的伙伴关系，他们一起协同避免了错误的城市实践，虽然这些错误的城市实践的初衷是进行改革，但是它们最终会扭曲并破坏城市和郊区生活。这种错误的做法在第二次世界大战后就开始盛行，并且一直持续到了今天。

## 将特殊案例变成日常实践

　　目前，宜居并且环保发展的最佳案例仍然还是个例，我们需要找到一种方法将有前景的个别案例转变为日常实践。我们需要将规划和城市设计实践与环境保护相结合，并且改变建筑环境设计方式以适应气候变化，以及建设越来越多令公众满意的地方。

　　尽管温哥华的城市建设有许多成功之处，但是它目前仍然面临着很大的可持续性和宜居性问题。住房承载力就是其中一个日益棘手的问题，寻找有关它的解决方案目前占用了公立和私立部门大量的时间和资源。城市中的流浪汉虽然已经从过去几年就开始减少，但并没有根除。因此，尽管总的看来，城市的可持续发展核心建设是在进步，但是在更大尺度的可持续发展上的进展几乎为零。汽车仍然是人们最主要的交通工具；交通情况还是经常出现拥堵；污染问题也一直频繁出现；郊区持续扩张侵占田野；新建社区的配套服务设施也并不完善。当与世界上其他先进城市相比时，这些问题就降低了城市地区整体的可持续发展水平。因此，温哥华的城市改造只成功了一部分，且仅仅部分的成功是远远不够的。

## 生态设计：结合环境保护和宜居性

温哥华只是世界上众多进行改造运动的城市中的一个。这场改造运动正在重新思考如何使用创新和实验来处理建筑和自然环境之间的关系。我们倾向于用生态设计这个词来定义这个新的观点：一种将结合环境完整性和恢复人类健康福祉考虑在内的看待城市及其内陆的思考方式。它是一种关于城市建设、管理和运营方面的态度，从而可以以一种有助于人类经验和社会生活的方式在城市系统和自然系统之间找到平衡。该观点包含了一个伦理原则：在我们居住的地方，每个人都承担着一定的责任——这不仅是为了自己，也为了我们所在的包含着丰富物种和模式的生存环境，以及身边的所有人。

将对自然生态系统的理解应用于城市和地区发展的做法最早可以追溯到20世纪60年代末伊恩·麦克哈格（Ian McHarg）和菲利浦·路易斯（Philip Lewis）的开创性做法。[1]我们也从自己作为城市设计师所积累的长期经验中学到了将对自然系统的理解融入设计和开发过程中的重要性。但是，我们并不是第一个使用"生态设计"这个词的人。它最早被杨经文（Ken Yeang）定义为自然和建筑环境的结合，并且他将这个词主要应用于建筑的各个方面。[2]还有一些其他人利用这个词来进行产品设计。在我们看来，"生态设计"可以在城市和郊区方面有着更广泛的意义。"生态"二字提醒我们，所建设的一切都将成为地方和全球自然系统的一部分，并且影响着它们的好与坏。"设计"二字则提醒我们，新的发展应该始终是一个能够满足人们需要的、连贯且负责的模式。

如果正像我们所说的这样，将生态设计看作全球目前正在进行或正在思考的各种创新设计方式的总和，那么你就会知道它是不能脱离实际的。它必须包含城市模式和城市生活的复杂性，以及人们想要建造的无穷无尽的事物；它还必须立志于协调城市的复杂功能和社区生活，以及个人和家庭的意愿，并将所有这些都融合在一起，以丰富的多样性建设一个健全且令人满意的地方；最后，它必须包含自然的美观复杂性、生态系统内的相互作用以及明确人类只是生态系统的一部分，并不能试图伤害或者控制生态系统。生态设计的目的是期望人与环境之间能够产生多样的组合，以使人尊重、保护甚至促进对于人与环境和平共存所必不可少的平衡。

## 方法，而不是法规

我们目前可以在许多城市修复或新兴发展的分散案例中看到生态设计原则的体

现。有时，这些案例只是小型的生态干预，而有时它们是混杂于现有城市结构中的特定创新系统。更多时候，生态设计还包含了新建或再开发的城市街区规划。但是，目前还没有在任何地方看到过一个利用生态设计来表达的完整城市模式。

在相对少数的地方实施生态前瞻性思想将可能会成为管理整个美国、加拿大甚至世界其他地方增长和发展的主要方式，这种方式不管在经济上还是政治上都具有可行性，它能够做到在改善城市和郊区居民生活质量的同时还能为投资者和开发商提供新的商机。同样的原理还适用于帮助政府应对史无前例的人口增长和变化。在这本书中，我们会描述一些实际的生态设计措施，这些措施的有效性已经被实际印证。如果能够更广泛和普遍地推广这些措施的话，就可以对生态修复产生及时显著的效果，并对确保我们子孙后代的未来有所帮助。

生态设计框架中有 4 个相互关联的部分可以预测城市和郊区的发展。本书的各个章节就是围绕这 4 个主题进行写作的：

- 第 2 章探讨了使城市发展适应不可避免的气候变化的同时还可以保护未来环境的方式。

- 第 3 章调查了"既能平衡交通模式以缓解交通拥堵，又能够支持更紧凑和有条理的规划"这一创新交通理念。

- 第 4 章讨论了"过时的城市开发导则和政府激励政策导致了错误的城市增长方向"这一趋势的历史背景、遗留困难以及政府发展管理方面的可行替代方案。这一章还讨论了开发和重塑消费趋势以推动发展变化的必要性。

- 第 5 章探讨了公共空间的潜力和以环境、社会和经济效益为导向来塑造公共空间的方法。街道、公共场所和公共建筑将重新进行建设，以使所有人都能够享有一个宜居的环境，而不仅仅是生活在某些特殊领域的富裕人群。

第 1 章中阐述了应该让任何对建筑或自然环境有影响的项目都知晓的生态设计基本原理，并且探讨了生态设计的哲学和伦理基础。第 6 章的结论性评论中涉及了生态设计原理的实施方式：如何挖掘新的金融资源、如何利用新的法规政策、如何决定哪些措施是必要的，以及哪些是优先实施的。

在本书中，我们从始至终都将通过参考在许多城市和郊区已经实施或完成的创新实践来阐述我们的观点。最好的案例就是那些已经进行实践的成功案例，因为这些案例是通过非常艰难的批准程序才获得成功的，并且它们的成果是当前有目共睹的。当然，本书不可能是每一项生态设计行动的概要，还有许多卓越的、令人钦佩的生态设计项目、政策和倡议没有被提及。

# 生态设计的六个基本理念

生态设计需要结合经常被人们认为是相悖的两个方面：为了保持环境完整性所需以及人们在城市和郊区生活所需，进行生态设计时需要特别注意这两方面。在全世界众多已经完成或正在进行的改善城市和郊区的创新实践中，我们看到它们共同关注的都是一些关于如何实施和实现共同设计目标的理念，对过去实行措施和态度的失望已经促使这些新的创造力量不断涌现。

目前大致形成了六条以保护生态环境为导向的城市发展理念。对于一些读者而言，这些理念听起来理所应当，因为人们只要关注过这些问题就会一直有所留意。然而，如果细心观察建筑和自然环境周边所发生情况的话，就会发现目前这些理念其实并没有按照其需求程度被广泛地应用。我们坚信以下所阐述的理念是城市和郊区发展所需要的基础过程理念，虽然在特定情况下它们需要进行评估，但是一般而言是可靠并可取的：

（1）**接受并管理复杂性**。就像在自然界一样，城市中的多样性既是自发的，又构成逻辑系统和有机的相互关系。每个城市都需要包含并体现人类表达方式的多样性。人们不仅仅是在建设城市，还需要在理念、需求和资源发生变化时可以随时对城市建设进行调整。作为个人和集体，人们在生活时有基本的功能需求，但是也有一些不太明显的需求和对精神感知层面的期望。一般而言，通过社会及商业的网络和模式，我们可以将周围的物理环境有意义地联系起来，在试图改革和对改革心存疑虑而变得愈加保守之间有一个动态的平衡。在加强保护自然环境必要性的同时肯定会带来一些复杂问题，但是与此同时，在环境限制和可能性范围内工作可以帮助管理和引导城市的发展方向。自然景观本身非常像设计，随着时间的推移，环境中的冲突力量就会达到平衡。认识到这一点可以为其他城市设计决策提供一个友好的模式。在景观的环境承载力范围内保持发展，理解并处理地方气候效应，并且利用自然系统作为基础设施的一部分，可以使人类更好地成为自然动态复杂性的一部分，而不是令这种复杂性消失。接受和处理复杂性是至关重要的，因为它可以产生建设一个健全且令人满意的地方所需要的所有平衡、利益和可能性。建设一个成功的城市势必意味着接受并利用这种复杂性。

（2）**人口和经济增长可持续化**。任何负责的城市政策都必须接受人口和经济不断增长这一不可避免和不容置疑的现实，因此，必须适应这种增长，并且前提是不会使人们丧失满足未来需求的能力，也不会过度抵押未来资源，更不会使目前和未来的自然系统失去平衡。必须有一个公平的进程，以生效的开发法规权利为基础，这样就可以同时促进和管理市场需求较强烈地区的人口和经济增长，还可以限制或拒绝已达到其自然承载力或者过度开发，甚至根本不适合开发的那些地区的人口和经济增长。我们还需要回顾那些虽然已经城市化但未跟上市场变化潮流的地方，这些地方已经具有基础服务和设施来适应人口和经济增长，因此，这些基础服务和设施应该被重新加以利用，而不是闲置浪费。为了实施这样的政策，需要在包含地方、人和环境在内的所有因素之间取得巧妙的平衡，这样就可以使政策的自由和灵活性达到最大化的同时又可以建设一个弹性、完整、健康和健全的地方。

（3）**多学科参与所有设计过程**。由于生态设计本身意味着人工和自然环境的结合，因此通常来说，它不仅需要包含即时情况的细节，还需要包含设计范围内的所有情况。这种与整体情况互相关联的特点使得生态设计过程本身就具有跨学科的属性——既需要某一特殊领域的专家，又需要多个专家共同进行交流设计。这种考虑了所有相关因素的设计往往可能会在意想不到的方向发现并创造有价值的创新机会。

（4）**始终保持公众参与**。从第一个初步的概念设想到最终完成的项目，城市设计和开发过程应涉及广泛的公共参与。一个成功的公共参与过程将确保项目通过真实的公众贡献来形成设计本身以及实施设计所需的普遍公众支持。这种过程已经被城市和郊区的总体规划所接受，但目前在总体概念上获得共识还很难，而想要在具体涉及日常管理层面上达成共识就更加艰难，因为管理本身就是负责实施和修改规划的。人们已经认识到包容性和公众参与是两个有效的城市设计策略，它们依靠的是人类自身行为、文化和事务的不断变化。因此，这两个城市设计策略应该因人类自身的价值而一直受到重视。当然，在既想促进公众交流又不能任其发展为肆无忌惮地自由表达的同时，还要对不可避免的冲突进行管理是十分困难的。依我们的经验看来，在保护个人自由和权利的同时达到全面共识是可能的，但这个过程通常需要一定的时间；它往往耗时数月，而不是仅仅几天；有许多活动参与其中，而并非一个单独的事件。在这个过程中，付出时间是值得的，因为在公众参与的同时还可以发现机遇、刺激创新并巩固经验。公众参与可以使城市设计过程适应多样性并阻止其在单一方向上进行发展。这样一来，人们就可以发掘一些特殊的地方知识并发现其中的隐藏含义，技术评估和同行评审可以提供对设计缺点和意外后果的审查和批评。

（5）**尊重自然环境和建成环境**。设计师和政府官员从一开始就必须对他们将要工作的环境和社会制度具有清晰的概念和技术上的了解，以便可以同时修复和改进。我们设计所处的自然和建成环境是完整的，存在着情感价值和内在资源及能量。随着时间推移而发展的使用功能逻辑系统，以及在设计干预中应该被理解和支持的有机社会关系，可以在早期建筑项目的残存中找到。对于所有城市设计来说，在销毁和处理之前首先应该考虑的是保护和重新循环利用。历史遗产是一种资源，废弃物是一种资源，现有情况下的一切都是一种潜在的资源。以消除贫民窟的名义对现有城市地区的广泛破坏，现在看来是过于彻底的。城市是一个复杂的地方，其变化应该是渐进和缓慢发生的。自然景观同样也十分复杂，清除原有的自然植被并重新栽种以满足预想的工程要求，这种做法是十分片面的。自然景观开发必须始终针对具体情况进行设计。对建筑和自然资产的谨慎管理可以产生耗费较少能源和资源的解决方案，并且能够避免意外的副作用发生。设计师作为新开发的倡导者，需要时刻牢记社会关系、网络、政治和个人需求，并应在设计时承诺文明、公正、公平对待，使人们相互帮助和尊重，这种需求明显超出了在设计的感知和心理层面上对社会安排的物理和组织应用。

同时，设计师们需要清晰地了解他们所设计地区的经济情况，了解他们的设计会如何影响财务可行性，如何使设计适应该地区更高的经济地位，以及他们的工作如何为个人和社会创造新的机遇。

（6）**借鉴多种设计方法。** 设计师和规划师们应该自由地探索和使用现代城市建筑中的许多新兴概念，而不必拘泥于其中任何一种单一的方法。现代技术赋予了建筑新的引人注目的结构、材料和技术可能性来重塑建筑和场所，但设计师们同样也可以运用传统城市设计的原则来重建城市的人口规模和连贯性，尤其是如今人们已经学会了如何驾驭汽车。这些原则应该始终结合环境保护的基本原则，它们可以参与到建筑表达的新兴运动中并应用当代艺术的主题，还可以探索系统思维中擅长帮助理解和管理复杂性的方式。此外，这些原则并不应该局限于固定的意识形态，取而代之的应该是一种提供协调和组合设计理念的方法。[3]

## 生态设计的范围

生态设计概念可以提供特定场所的细节，比如建筑群、街道和聚集区，这些可以帮助塑造社区、地区和整个城市的结构，可以指导处理整个城市区域动态的系统。最终，可以调和人类在广阔生态区域内的存在方式，包括城市、郊区和农村腹地环境。生态设计的思想与任何参与塑造或影响城市和郊区形态的人有关，设计师、公职人员和政治家等都包括在内。生态设计是一个可以帮助学生们找到关注城市发展问题的切入点。对于担心自身消费会对世界和周围人产生影响的消费者而言，它也会是一个有价值的观点。当消费者们在选择政府和对公共政策进行评判时，生态设计思想还可以指导他们进行选择和投票。

　　郊区的居民和负责郊区规划管理的公职人员可能会对生态设计产生特别的共鸣。因为一直以来，城市设计很少提出一些创新的理念解决这些人所面临的问题；一般设计方案均普遍偏向于解决城市问题，却往往与郊区无关。然而，在北美，郊区是21 世纪伟大创新的发源地，同时也是大多数人将继续生活的地方，并且未来会有越来越多的人选择生活在郊区。生态设计应该对一些令人尊重的思想方式保持开放态度，比如为了更好的环境和社会绩效功能而对郊区进行重塑，并且不使这些社区失去吸引人们前来的基本特质。此外，应用生态设计原则进行城市设计可以提出对环境更友好和更稳定的解决方案，巴西库里蒂巴的前市长同样也是伟大的城市创新者杰米·勒纳（Jaime Lerner）称这种解决方案为"城市针灸"而非"城市手术"。[4]

　　之所以提出生态设计，主要目的是为了改变城市地区的开发方式，从而使城市和郊区与环境更加兼容，并且更人性化地实现我们的个人和群体需求。这一过程还包括已经在市中心开始建造的建筑，解决它们背后的规划、设计和管理问题，解决一些周边较老社区的退化问题。对于那些享受当前郊区生活的居民而言，肯定会有很多他们不愿意改变的地方。但是，目前郊区仍然还有一些改进的空间，特别是沿着商业走廊的一些地方。我们应该寻找到一种连接孤立发展区域的方法，并使这些区域减少对汽车的依赖。当城市扩张需要在大都市边缘进行开发创新时，相关的管理条例就需要进行大规模的修改。每个生态设计过程都必须进一步深入大城市地区的内陆，以保护和支持农业，保护重要的生态景观，并且在需要城市扩张的地方选择并准备将适当的地区进行合理的扩张。该过程还需要保护农村及其资产免受随机发展的城市入侵，这些入侵可能会扼杀土地投机并破坏生态平衡和农村特色。从每一个层面来看，生态设计都需要涵盖以更好的环境和社会绩效为目标来塑造和重塑城市及其周围郊区的内容。

　　不仅需要注意城市化的实质及其自然环境，还要对城市和郊区发展和管理的过程和机构进行了解。这些过程往往具有一些共同问题和已经过时的解决方案。我们需要理解、批判并且改进法律、政策、决策安排以及组织，它们塑造了我们现在看到和经历的地方。需要解决问题并且阻止这些问题继续发生，从而避免一错再错。

## 生态设计：可持续宜居城市和郊区的框架

　　从结构的角度来看，生态设计可以成为社区形态的框架，社区的具体结构为：可步行的、带有连接通道的一站式泊车商务中心，具有不同密度集群的连续邻里，混合功能土地利用，以及在保护公共开放空间背景下的各种复杂多样性。这样的结构会使人们期望的城市活动接近回归城市发展的连贯模式，而不是全部随机地散落分布在城市中。此外，该结构还可以成为建筑环境的框架，不仅在新建筑中具有环保价值，还能够重新利用建筑材料并且保护历史建筑遗产。社区结构还和场所营造有关：能够以一种不仅实用并且有吸引力和令人难忘的方式把建筑物和空间结合到一起。场所营造需要良好的建筑、公共艺术、景观设计以及城市设计系统，该城市设计系统能够创建一致的建筑环境，尊重脆弱的现有地方和自然系统，并且给地区带来具有活力的人与活动的动态关系。

从基础设施的角度看，生态设计的框架还需涉及社区内的交通流线，并且应该有各种不同的强调步行和过境交通的方案，从而取代私家车在社区内的主导地位，并将其放在一个逻辑阵列的移动替代品中。平衡的交通建立在交通结构接近创建适宜步行的城市的优势上，这将意味着更少和距离更短的汽车出行以及更多不需要乘坐机动车出行的旅程。这个框架还包括社会和社区方面，以及文化机构和其他社区的支持，是一个以保护的方式来管理水、垃圾和能源的框架，强调社区与当地的关系，包括当地的食物来源。

我们描述的是一个能够解决我们在现代生活中面临的许多挑战的生态框架，例如实现环境兼容性这一目标，同时它也解决了市场应变力、公共健康、动态文化表达和社会参与的问题，所有这些都会促进个人和集体的智慧和满意度。

## 生态设计的迫切需要和保持乐观的理由

实施生态设计框架遇到的难题需要一些创新的解决方案，这些解决方案不在通常的解决城市和郊区问题的方法之列。它们存在于特殊的地方，但并不是组成我们建设和管理城市区域的典型方式的组成部分。人们甚至可能不知道这些新的解决方案的存在以及这些新方案已经在某个地方进行了测试。

由于经历了现代城市主义的种种问题，公众已经对可行的城市问题解决方案变得悲观。因此，他们对于城市和郊区的未来期望已经在当今这一普遍以个人成功为目标的时代开始变质。当大多数人能够尽可能地远离城市问题，且无视这种举动反而会对自然环境施加更多压力并使发展更加不可持续时，公民支持危机的问题就会出现。人们无视城市问题：他们认为没有什么可以被改变，他们不想听到气候变化、交通拥堵或不平等的社会机会；他们只是想要继续维持他们现在的生活。

但是，创意和人类的智慧可以解决人们对城市的地方性悲观，具体方法可以参考鼓舞人心的俄勒冈州波特兰内城振兴战略这一成功案例。我们将它连同温哥华的案例，作为我们将在本书中讨论的一切内容的一个建设性前言。

在 20 世纪 60 年代后期，面对不确定的经济前景以及来自郊区中心的激烈竞争，波特兰的领导人决定积极主动地发展市中心及其在波特兰的地位。他们决心要使波特兰变得更发达、更具吸引力以及多样化。这样做的目的不仅是为了增加波特兰的就业基础，也是为了增加该地的常住人口数量。

幸运的是，波特兰很早就意识到应从一个大都市的角度考虑城市发展的需要。区域交通局（TriMet）于 1969 年成立，并在接下来的十年中实施了很多重要的举措。1978 年成立了一个地区政府，并且北美最早的大都市增长边界政策之一就是由俄勒冈州政府于 1979 年创立的。政府和公民开始在不断增长和多样化的郊区背景下认识到波特兰的历史中心，并实施了改变波特兰的四项关键举措。

所有这些举措的关键都在于发展并加强公共交通（图 1-4）。尽管区域交通局在早期就看到了对汽车基础设施进行持续投资的必要性，但是越来越多的联邦税收和其他税收注入了一个本身平衡的交通系统中。最早在 1977 年年初，人们提出在市中心的公共汽车站旁建立一个公共车站购物中心，2007 ~ 2009 年，为了铁路交通的发

图 1-4　俄勒冈州波特兰市的内城被认为是利用生态设计来实现城市复兴的一个主要案例。图片展示的有轨电车是典型的波特兰市中心景象，有轨电车使得当地的交通系统得到平衡，这样人们就不需要像往常一样频繁地使用汽车

展，购物中心得到进一步的扩张和升级。从 1986 年开始，名为 MAX 的大都市区特快专线被扩建成为连接市中心到郊区中心的四线轻轨交通线路。政府鼓励在郊区中转站周围建立密集的混合使用功能中心。2001 年在中央地区推出了有轨电车。2009 年，通勤铁路开始兴起，当时在美国只有三个城市有这样的新型铁路系统，波特兰就是其中之一。此外，自行车路线开始建设并且道路的步行设施也开始更新换代，人们越来越多地选择使用其他交通工具来替代汽车通勤。2012 年，12.1％的波特兰乘客通过公共交通工具出行，6.2％的人骑自行车上班，还有 5.7％的人步行上班。虽然该比例对于市中心来说稍低一些，但是仍高于其他城市的平均水平。[5]

另一具有同等重要性的创新举措是明智地对公共领域进行持续投资，并且公共领域的范围不只在一些关键地点，而是贯穿整个内城。波特兰是北美拥有最优美和广阔街景项目的地区之一，波特兰的街景专注于解决人行道的硬质铺装和其余道路的通行权问题，并为在当地街道上散步和在街边放松的居民创造了一个舒适、安全和吸引人的环境。一些小街道禁止行车，并在街道两旁增加了人行道，所有公园都更新了景观、公共艺术、喷泉、水上娱乐功能和公共设施（图 1-5）。沿街绿化多年

图 1-5　波特兰在公园、人行道和其他开放空间的公共领域投入了大量资金，这有助于吸引许多人回到城市居住，正如图片里享受杰米森（Jamison）广场水景的家庭人群所示。波特兰的创新型住宅设计，特别是中高层住宅在这张照片中也体现得很明显

来一直都是优先发展项目，因此最终几乎每条步行街沿街都可以看到郁郁葱葱的树木。为了加大公共领域的投资，波特兰开始最大化地利用联邦税收抵免的优势在整个内城进行历史建筑修复，大大提高了街景的整体氛围以及市民对它的喜爱度。

虽然当时许多城市还在开始考虑拆除不必要的汽车基础设施，但是波特兰已经果断采取拆除行动，为市中心开辟了巨大空间并消除了负面影响。在 20 世纪 70 年代，港湾大道被拆除，取而代之的是现在著名的汤姆·麦科（Tom McCall）滨水公园，并沿着威拉米特（Willamette）河沿岸大面积地延伸。在 20 世纪 90 年代，大部分的洛夫乔伊（Lovejoy）高架桥被拆除，为在市中心西北部建立一个新住宅区提供了可能性。

今天有许多人认为当时应该有更多的这种拆除，尽管汽车文化在波特兰现在仍然十分盛行，但是拆除不仅是为了应对汽车文化的冲击，也是为了消除那些明显过度用于汽车运动的土地，而这会造成附近房产不必要的衰败。

波特兰的公共举措激励了一大批私营部门对新的工作场所和住房进行开发活动，实现了地方政府的基本目标，振兴内城，使内城恢复原有的活力，共有两项强有力的举措实现了这一目标。

从 20 世纪 90 年代初开始，一个名为西北工业三角区的广阔地区变得越来越老旧过时，对当时的城市形象造成巨大的负面影响。铁路场地、仓库和工厂已经停止运行。移除洛夫乔伊高架桥的举措重新开启了对这一地区的设计和开发，并将该地区更名为珍珠区（图 1-6）。首先，改变了历史建筑的使用功能，将其更换为住宅、办公室和商店，接着用现代的多层建筑进行混合功能的延伸。这类新建筑是北美多层建筑建设时期一些最好的作品之一。新的公园和人行道投资最终达成了一个拥有约 4200 个家庭以及超过 6000 名居民的完整、紧凑和有吸引力的社区，其中有超过 2/3 的住宅是可出租的，因此对于大多数人来说是可以负担得起的。

另一个与威拉米特河相邻、同样具有多余工业用地和仓库的地区最近已经被彻底重新开发，现在该地区被称为南岸滨水社区。自 2000 年初以来，这个主要用途为高层建筑的区域已经增长至可以容纳近 3000 户家庭，共计约 5000 多人，其中 60% 的住房可以出租。该地区有自己的滨水走道或自行车道、公园、当地的商店、餐馆和一些办公楼，该地区因为当地的可持续发展措施和绿色建筑而被称为"生态区"。

通过这些以及一些类似的举措，波特兰正朝着一个非常积极的方向发展，目前已经有超过 4 万人居住在市中心的社区，这种新的增长和多样化还在持续进行，市中心正在与郊区和其他城市开展竞争。波特兰将向着越来越可持续的方向发展，也因此成为"波特兰迪亚"（Portlandia）传奇的一部分。

图 1-6　波特兰的珍珠区是一个出色的案例，通过改造历史建筑、战略性地填充新建筑、增加当地服务和在智能公共领域投资，创建了一个综合性的新社区。图中本地超市的图片展示了当地支持社区的方式之一。珍珠区展示了公私合作是如何产生一个为居民、城市和房地产投资者服务的社区的

　　波特兰和温哥华是我们可以看到的强有力的案例，在许多方面都值得借鉴，具体表现为：聪明且具有创造力的市民接受了城市功能障碍、舒适度低和一些有害影响的挑战，并使城市发生了重大变化。他们正在发明新的城市样板，建立新的过程和制度，以协调发展和环境保护之间的矛盾，提高人们作为消费者和政治团体成员的意识，这些举措必须更广为人知，被人们更好的理解。此外，它们还应该被集合成为一种新的建设城市和郊区的方式，也就是我们在本章开头所提及的新的增长模式。

　　因此，让我们开始详细描述生态设计概念目前正在实践的方式，这些方式可以共同创造一个更好的设计城市和保护自然环境的方法。我们首先讨论第 2 章的主题：如何适应气候变化和限制全球变暖。

# 第2章　适应气候变化和限制全球变暖

　　每年都有新的发现论证世界气候正在逐渐变暖并且变化的步伐正在加速。空旷地区的城市化以及城市和郊区造成的污染是我们正在经历的全球变暖现象、当前的气候以及天气变化的罪魁祸首。这些变化反过来又会给城市系统，特别是全球沿海地区和易干旱的地区施加压力。过去仅偶尔发生的一些极端天气事件现在变得越来越频繁和危险。国家政府必须采取针对这些气候变化的一些相应基本措施，同时还要严格按照国际相关协议执行，要做到这些很多时候可以通过不断累积微小的改变来实现。同时，地方政府发起的倡议和针对个别项目的创新可以加速进行大范围的改革。

　　本章将要探讨一些现有城市和郊区可以利用的与当地相关的计划和政策来适应目前新的气候变化，并且在适应新气候的同时，还要重新规划城市结构，以减轻（如果不能消除的话）城市和城市化所导致的这些气候变化。为了实现这些目标，现在主要面临着三项紧迫挑战：第一，调整城市设计以应对将要发生的气候变化，但是这项举措目前并没有得到应该得到的迫切关注；第二，虽然对引发全球变暖的一些源头进行控制这一理念目前已经被大众认为是应该优先实行的措施，但是这方面做得还远远不够；第三，需要重新设计城市和郊区来使它们与自然生态力量协调一致，并且还要积极设法为这些力量做出贡献，这样才能使城市发展在可预见的未来变得可持续化。本章并不会讨论如何解决政府内部的问题，因为它们已经超出了一本有关设计的书籍涉及的范围，但是我们会对如何应对这三个挑战的一些有前景的举措进行详细的讨论。其中的一些目前已经在较低政府级别的地区开始实施；而另一些是尚未被广泛实施但具有重要潜力的想法。

　　气候科学家保罗·克鲁岑（Paul Crutzen）在一篇发表于2002年的著名文章中解释了有关天气变化归咎于世界人口和经济增长的原因。他首先总结并举出一些基本数字为例。在过去的三个世纪中，世界人口增加了10倍以上，目前已经达到了70亿，预计在21世纪末世界将要达到100亿人口，这也将导致高达一半的地球表面被人类活动所影响和改变。此外，全球超过一半的可利用淡水资源已经被人们使用，而剩余的自然地区如热带雨林等正在快速发展，不断释放二氧化碳，并且这些地区内的物种正在加速灭绝。不断增长的数字与快速变化的技术相互呼应。根据克鲁岑所说，能源用量在20世纪增加了16倍。每年向大气中排放大约210万吨的二氧化硫，这是自然排放总量的两倍多。化石燃料的燃烧和农业的发展导致温室气体浓度大幅度增加，其中二氧化碳浓度增加了30%，甲烷浓度增加了10%以上，这一比例目前是在过去的40万年中最高的，并且现在还在继续增长，所有这些因素导致了全球气温的上升。[1]

随着海洋温度的升高，海平面也会升高，因为水在高温下会膨胀。极地冰盖和冰川的融化速度甚至也比科学家在几年前预测的要快得多，这也改变了上层大气的空气运动，同时反过来又改变了风暴的模式，并且当冰层位于土地上方时就会使海平面不断增高。因此，不断增高的海平面，不久以前还被认为是21世纪末才会出现的一个问题，现在已经成为2050年之前许多沿海城市越来越大的威胁。

此外，海洋温度的升高使更多的水蒸发到大气中，它的后果是每当下雨或下雪时，暴风雨中的湿度将会增加。此外，海洋表面温度的升高还会向暴风雨中传输更多热量从而形成过多的水分，进而导致产生更大规模和更大威力的飓风和台风。

当地表温度升高时，更多的水分就会蒸发进入大气层。农作物需要更多的水分，更多的水也会从水库中流失，并且山上的积雪将会减少，从而导致河水流量减少。当干旱作为正常气候循环的一部分发生时，由于水分的流失，干旱变得更加严重。如果气候变化增加了干旱的频率和严重程度，那么这些问题显然会加剧。植被干燥也会增加火灾的风险。

全球变暖也改变了各种植被可以繁衍的地理范围。因此，位于北半球地区的植物物种正在进入更高的纬度地区，位于南半球的植被也会进入更多的南纬度地区。变化的气温会对食物供应有所影响，虽然这有利于某些物种，但是也会使其他物种更加难以种植。此外，昆虫的栖息范围也发生了变化。在美国的西部森林中，曾经被寒冷的冬天控制的山松甲虫现在有了更长的活动季节，并且正在杀死大面积的树木，这增加了森林火灾的可能性和严重程度。

不幸的是，学会适应气候变化是远远不够的。世界范围内的温度比从前的正常气温高出了0.8℃，并且还将不可避免地继续增加。科学预测21世纪全球变暖将导致气温最高升高5.8℃，这将是灾难性的。没有人能确定未来究竟会发生什么，但是人类已经开始了显然是危险的实验，保守的解决方案就是尽可能地限制气候变化。[2]

当前，利用国际公约的效力减少温室气体排放的国际措施并不令人满意。人们很容易说："我不想再听到气候变化了，反正也没有什么可做的来阻止它。"但是，气候变化是不容忽视的，因为适应气候变化迫在眉睫，而且未来气候肯定还会持续变化。对于适应气候变化需要付出高昂成本这一事实，人们的接受度越来越高，限制未来气候变化的步伐也会迈得越来越大。迄今为止，虽然世界在核战争的威胁下依然保持和平，但是核战争和未来预测气候变化会发生的最坏结果仍然还会造成严重的灾难性后果。国际行动阻止了臭氧层的枯竭，这是克鲁岑付出了巨大的努力来解释并引起世界关注的一个问题。虽然对全球变暖的长期限制将难以实现，但也并非不可能。

## 挑战 1：适应气候变化

几乎所有的气候科学家都认为，海平面上升、气候变化和更多的极端风暴事件是目前全球变暖带来的不可避免的影响，并且即使明天起引发全球变暖的各种原因都消失，这种全球变暖的趋势也仍将持续数个世纪。关于适应气候变化生活的四个主要问题如下：

（1）适应海平面上升和沿海岸风暴增加的风险。

（2）适应内陆河流更频繁地发生"百年一遇"的洪水。

（3）适应由温度升高所导致的干旱持续时间和严重性增加的风险，包括保护饮用水资源和保持食物供应。

（4）适应由于整个生态系统变化而增加的森林火灾风险。

虽然适应这些变化并不容易，但是一些已被证实用于管理气候变化的技术和设计概念正如我们在本文中所展示的一样已经出现了，并且人们将继续开发新的适应技术。

### 适应海平面上升和沿海洪水

不断上升的海平面、愈加严重的风暴和不断变化的气候模式已经对世界沿海地区产生了影响。在过去的几十年中，世界各地发生了越来越多的后果严重的气象灾难，但最近作为世界上最大的大都市地区之一的纽约为许多沿海城市提供了一些如何应对气候变化的灵感。

2012 年底，纽约地区遭受了毁灭性打击。被气象学家命名为"桑迪"的热带风暴袭击了美国东部海岸，它的破坏力极强。这场风暴在纽约市南部的新泽西海岸登陆，风力略低于飓风强度，巨浪伴随着强降雨。风暴有着罕见的巨大覆盖区域，并且气象条件也使它停留了相当长的时间。它对新泽西沿海的城镇造成了严重的损害，受灾地区还包括纽约市本身，尤其是发电站、地铁和车辆隧道都被淹没的曼哈顿下城，以及斯塔滕岛、布鲁克林、皇后区的沿海地区和长岛南海岸的社区。受桑迪影响的所有美国地区的总损失金额预计达到了660亿美元，其中有159人的死亡直接归因于暴风雨或其余波。[3] 由于极地冰层融化所产生的气流变化，桑迪向陆地做了一个不寻常的转弯。这种情况有可能再次发生，甚至成为一种固定的模式。

到目前为止，大风暴一直被视为不可预测的事件，如果发生大风暴的话，当地就会实施适当的撤离计划以保护人民，还会有保险政策来弥补损失。一般来说，当地会恢复到它们过去的样子，人们想将受灾的地方恢复到比暴风雨袭击前更好，但保险政策却不会为此而买单，并且居民的财产和过去一样仍易受损害。

美国政府决定在超级风暴桑迪之后使用一些资金进行城市重建，以减少修复区域之后再遭到风暴破坏的可能性。联邦政府同洛克菲勒基金会和一些其他私人组织一起资助了"重建设计"这个项目。这是一个用于进行创新设计的研究项目，可以使面临风险的地区更多地受到保护，以免受未来洪水冲击，同时还可以更有弹性地应对任何洪水灾害。荷兰基础设施和环境部高级官员亨克·奥文克（Henk Ovink）被任命为管理这一创新项目的高级顾问，他选择了十个研究团队，包括工程、气候科学、城市设计、规划、园林景观和建筑方面的一些顶尖科研人员。[4] 最终该项目选择资助六个提案来实施或进一步研究，但是分配给各个提案的建设资金并不足以满足大多数团队提出的完整解决方案。20世纪80年代以来，奥文克就开始处理部署在荷兰的防洪堤坝，他根据自己丰富的经验对纯工程的解决方案提出了怀疑。在他的指导下，团队寻求创造性的设计理念，想要在利用自然力量的同时又能与它抗衡。因此，重建设计项目已经成为一个有价值的实验室，致力于深入研究如何对沿海地区进行重新设计，以应对气候变化带来的威胁。

纽约的WXY建筑设计事务所协同荷兰的West 8景观建筑师事务所与帕森斯·布林克霍夫（Parsons Brinkerhoff）工程师事务所共同提出可以利用在大西洋外侧平行于陆地的大陆架内部相对较浅的水域建设新的人工岛来保护纽约海港、新泽西和长岛（图2-1、图2-2）。利用建构环境作为保护屏障是一种与荷兰的东斯凯尔特河（Eastern Scheldt River）河堤截然不同的设计策略（图2-3），因为当地的大多数河口已经被堤坝关闭，并且还降低了活动闸门的高度来阻止风暴潮从东部的大海进入。这个系统对于预防洪水很有效，但是它同时也引发了屏障所在地上游部分河流水质的恶化。纽约WXY事务所的提案保护了自然的潮汐模式和来自哈德逊河的支流，并且它允许船只不用经过闸门就能进入纽约海港。这是一个大胆的理念，但

图 2-1　WXY 和 West 8 提议在纽约港入口大陆架上建造人工岛的方案。这些岛屿将成为天然砂堆积的支柱，并使它们足够坚固，从而能够抵抗热带风暴的强大波浪，防止风暴潮进入港口，并保护长岛北部和新泽西的南部。但该方案最大的问题是，这样做会成功吗

图 2-2　WXY / West 8 的保护纽约港入口哈德逊（Hudson）河河口的方案特写图

是仍存在一些问题：它真的能在阻止风暴潮涌入海港并再一次淹没地势低洼地区的同时，还能阻止海浪冲上屏障两边的海岸么？这座新的屏障岛屿还可能是十个重建设计策略中成本最高的，并且还需要在北部长岛桑德（Sound）和伊斯特（East）河水交汇处建造一些其他的人工岛屿来对纽约海港进行全面的保护。这个设计理念最终并没有被选中进行更进一步的建设，这并不奇怪，但是它确实展示了一种利用基于自然系统的方法处理风暴潮的方式，这与荷兰的三角洲工程（如斯凯尔特堤坝）正好相反。该方案是目前重建设计项目里最全面的一个方案。

　　思凯浦（SCAPE）景观建筑师事务所与帕森斯·布林克霍夫工程师事务所设计了人工岛作为风暴屏障，但是规模要小得多。政府拨款在纽约海港内来建造他们提出的"生活防波堤"，以保护斯塔滕岛海岸线的南端。这些建造的环境旨在演变为自然生态的一部分，为引入各种各样的贝类和其他海洋生物提供人工栖息地（图 2-4），部分资金被用于教育当地学校的孩子们，使他们了解新栖息地。通过在海浪冲击海岸之前破解潮水的力量，假设沿岸发展模式可以达到和桑迪袭击之前的城市模式一

图 2-3 保护河口的公认工程方法是自 20 世纪 80 年代初以来一直在使用的荷兰的斯凯尔特堤坝。图中可以看到河水流过关闭起来可以抵抗风暴潮的可移动闸门。请注意，海岸线的其他部分由一个永久的堤坝保护

图 2-4 图中所示为一个相对思凯浦景观建筑师事务所提出的保护全部纽约港来说施工稍少一些的方案，旨在保护位于港口南部的斯塔滕海岸线的一部分，这个人工礁也可以成为海洋生物的栖息地

图 2-5　由比亚克·英格尔集团领导的团队提出的利用景观护堤、海堤和其他设备保护曼哈顿下城的设计方案

样的效果。据推测，如果防波堤被证明是有效的，那么这个概念将被扩展到更完整的覆盖范围。

　　位于哥本哈根和纽约的比亚克·英格尔集团（Bjarke Ingalls Group，BIG）带领一个顾问团队提议在下曼哈顿区建造一个 U 形保护系统，该系统覆盖了在风暴桑迪之后遭受了最严重的几次洪水袭击的滨海地区，范围约有 10 英里（16 公里），该方案获得很多政府实施资助资金。设计方案主要建设可以充当公园的护堤，而不仅依靠海堤（图 2-5），要选择建造的部分将在曼哈顿下城的东侧建造一个"桥接式护堤"。该提案的最初版本是在现有高架公路的结构中建造一系列荷兰式的可移动防洪闸。出于对公路结构是否可以承受风暴潮影响表示疑问的原因，设计团队最终将抗洪结构设计成了一个护堤。但是，只建造部分护堤的决定也引起了对于分阶段建设的关注：因为护堤可能会偏移并且强化风暴潮在结构末端附近的力量，不仅毫无作用，还会使结果变得更糟。

　　包含布鲁克林的因特博若城市设计和建筑设计合伙人事务所（Interboro Partnership Urban Design and Architecture）、新泽西理工大学、代尔夫特理工大学和其他顾问在内的团队负责研究纽约市长岛东部的南岸。人们选择生活在这个地区是因为它的海滩、航行和划船的便利条件以及其他位于海边的吸引人之处，但是该地区的屏障岛和湿地非常容易受到风暴的损害。一种说法认为这些地方不应再享有政府的保护，人们应该移居内陆，若仍选择继续在海水附近生活的居民应由他们自己承担风险。另一种解决方法是建造一个昂贵的风暴潮屏障，但是这并不能阻止该地区流入海洋

图 2-6 由因特博若合伙人事务所领导的团队提出的，在道路上增加景观洼地以及修复公园的方案，从而使其可以灌溉并创建湿地以减缓洪水，并使水可以渗入地下或蒸发

的河流带来的洪水。团队研究了多种减轻洪水的方法，其中包括护堤和洼地（图 2-6）。政府选择资助这个团队的建议使米尔（Mill）河成为一条"慢河"，这使得雨水可以流入邻近的湿地。在这种情况下，总体规划的部分实施不会对其他领域产生负面影响，但它同时也对其他地方没有任何帮助。

宾夕法尼亚大学设计学院和欧林（Olin）景观建筑合作人事务所选择研究如何保护易受洪水侵袭的位于纽约市靠近长岛海峡与东江交汇处的狩猎点（Hunts Point）地区。该地区的人口主要为低收入人群，并且还有为整个纽约市中心服务的食品市场。后续会对这片复杂的地区进行更为细致深入的研究。

所有提交的方案均表明，设计思维将是适应气候变化的一个重要组成部分。同时，这一组成部分将对城市设计师、景观建筑师、建筑师和工程师越来越重要，因为空气和海洋温度的持续上升以及风暴潮、洪水和大风暴的路径会成为越来越大的威胁。这些方案还说明了城市设计要做出一些重大改变的必要性，但它们也体现了对城市和郊区建设和使用方式进行综合性调整的可能性。即使世界上所有国家现在都同意减少碳排放量直到足以稳定气候，但是目前已经发生的一些主要气候变化将持续对今后的设计和政治问题造成困难。

## 适应不断变化的海岸线和更多的风暴潮

图 2-7 是夜间拍摄的照片集合，这是用一种戏剧性的方式来展示人们在哪里居住，因为照片中的大部分光来自城市。世界上的大多数城市都位于沿海地区，而其余的城市则一般沿河而建。只要具备一些基本的地理知识，就可以从照片中看到这种关系。

图 2-7　图为美国航天局（NASA）合成的从太空视角看到的地球夜晚照片的一部分。照片中大多数的亮光代表城市，其中大多数都靠近海岸或河岸

图 2-8　图为国家海洋和大气管理局编制的地图，显示了到 2050 年为止纽约市地区潜在的洪水风险。黄色代表的是飓风桑迪之后洪水淹没的范围，桑迪创建了一个新的百年洪泛区

这种关系是以前大多数散装贸易沿着水路线运输留下的遗产，但目前仍然是一种重要的货物运输方式。

　　如果超级风暴桑迪是气候变化引起的新型气候模式的一个例子，那么随着海平面上升引起的洪水猛增，未来的人、企业和政府都将面临一些艰难抉择。继续以纽约为例，如图 2-8 所示，美国国家海洋和大气管理局的地图显示了在 2050 年纽约市地区潜在的洪水风险。黄色区域是继桑迪之后的洪水能够淹没的范围极限，据此建立了一个新的百年洪泛区。该洪泛区是一个官方的美国政府地图，地图上显示了每年有 1% 的概率发生洪水的地区。纽约市召集的一个专家小组，确定了到 2050 年前因海平面上升所导致的更大规模洪水的可能性，结论是该市的大部分地区都将面临风险。第一类问题是关于洪水区域，尤其是地铁和汽车隧道在暴风雨后的恢复能力问题。为了使这些区域更具弹性，可以将电气和其他机械系统定位在建筑物内不会被洪水侵袭的地方，并且重新设计城市的地铁系统从而可以在洪水发生时关闭通风口以及在洪水经过的隧道中安装泵送系统。为了保护同样脆弱的下东区（Lower East Side）和炮台公园城（Battery Park City），需要采取全流域措施，例如采取 BIG 集团提出的护堤方案。由于海平面在不断上升，从长远的角度考虑，应该将纽约市海滨的一些其他地区还原为海岸线或者湿地。

　　亚利桑那大学土木工程学院的环境模拟实验室创造了一种衡量气候变化风险的地图法。这种地图并不是一种预测，而是他们利用轮廓水平分辨率为 30 米的地理信息系统（GIS）地图将潜在的不同高度的海平面上升与现有土地进行匹配分析出受洪水影响的区域，但无法知道洪水发生的具体时间。第一个投影显示了如果诺福克（Norfolk）市区和弗吉尼亚州（Virginia）朴茨茅斯（Portsmouth）的海平面上升 1 米

图 2-9 亚利桑那大学环境模拟实验室的预测显示了暗红色的海平面上升 1 米和亮红色的海平面上升 2 米对弗吉尼亚诺福克市中心和朴茨茅斯的影响

图 2-10 亚利桑那大学环境模拟实验室的预测显示了暗红色的海平面上升 1 米和亮红色的海平面上升 2 米对迈阿密市区和迈阿密海滩的影响。在 1 米处，几乎所有迈阿密海滩和迈阿密港都受到严重影响；在 2 米处，冲击区域沿着迈阿密河延伸到机场以外。而当地的多孔地质可能会使海堤无效

图 2-11 亚利桑那州立大学的环境模拟投影实验显示，旧金山湾地区的海平面仅仅上升了 1 米。旧金山市位于图中左下角的较低洼区域。图像显示，圣华金河谷——加利福尼亚州中部大部分地区的主要饮用水来源——是海水的主要侵蚀区域

和 2 米的话可能发生的潜在影响——对应的区域分别为暗红色和亮红色（图 2-9）。如果海平面真的上升到这样的高度，那么这些地区就需要受到某种预防性堤防系统的保护，否则这些地方可能会完全被水淹没。诺福克的一些地方目前发展出一种新的强风暴后对洪水的敏感性。一直到 21 世纪中叶为止，由海平面上升引发的洪水可能会频繁发生在整个地区。

如图 2-10 所示，使用相同的颜色代码来映射位于迈阿密市中心和迈阿密海滩的上升高度为 1 米和 2 米的海平面。如果海平面上升 1 米，差不多所有迈阿密海滩和迈阿密港都会受到严重影响；如果海平面上升达到 2 米，那么受影响面积就会延伸至迈阿密河周边，甚至会没过机场。不幸的是，当地的多孔地质可能会使佛罗里达南部的堤坝和海堤失效。此外，南佛罗里达由于海平面上升造成的海水入侵对淡水含水层构成威胁。图 2-11 仅表明旧金山湾地区海平面上升 1 米所造成的潜在影响。旧金山就在地势稍低的左下角。根据地图上显示，海平面上升造成的最严重问题不是对城市化地区的影响，而是海水可能会入侵圣华金（San Joaquin）河谷，而该河谷是加利福尼亚州中部许多城市饮用水的主要来源。

新奥尔良的对比地图显示，当海平面上升 1 米时整座城市几乎完全

被淹没，尽管新奥尔良是美国目前唯一一个在经历了卡特里娜飓风后仍可能具备有效防洪保护系统的城市，因为美国陆军工程部队已经重建了被飓风破坏的堤坝。如果海平面上升的话，那么美国的墨西哥湾沿岸以及南佛罗里达州的所有地区都会发生重大的地理变化，并且整个东海岸的海岸线尤其是那些新泽西海岸和长岛的障碍岛将会重新进行改造。大部分会沿着海岸线的城镇建在较高的海拔上，以使其市中心位置长时间保持在海平面以上，但是如果附近作为屏障的岛屿和湿地消失的话，那么这些地方可能会更容易受到洪水冲击。并且，数以万计的海滨房屋也将会面临风险。

亚利桑那州立大学环境模拟实验室也采用了同样的方法，但他们使用了一个较为粗略的标准（1千米的水平分辨率）来评估全球海平面上升的风险。根据这次模拟，世界上几个海平面上升即将达到1米的城市反而相对来说不会受到太大影响，这个范围包括东京、新加坡、雅加达、悉尼、里约热内卢和马尼拉、曼谷等城市。但是，一旦海平面上升到2米，这些重要的世界级城市就会被淹没在水面之下。在欧洲，若海平面上升1米，则荷兰境内几乎全部显示为淹没。荷兰境内一半以上的土地极易受到洪水的侵袭，还有约1/8的面积位于海平面以下，当局政府正想尽一切办法确保毁灭性的洪灾不会发生。

1953年北海的一场大风暴期间，汹涌的海水冲破了荷兰的防洪堤，导致1800人死亡，并造成了巨大的损失。此后，全国均达成了一个共识：应该想尽一切办法防止这样的灾难再次发生。到20世纪80年代为止，一系列的防洪堤已经建设就绪，对保护荷兰的城市和乡村长达几个世纪之久的堤坝起到了辅助作用。

目前最庞大的保护性构筑物是建在莱茵河、默兹河和斯凯尔特河的三角洲地带，以"三角洲工程"著称。其中规模最大的当属东斯凯尔特河河堤，在前文有所提及，因为它虽然不是主要港口的入口，却同样占据了相当重要的位置——纽约港入海口。东斯凯尔特河河堤建设了一系列在洪水来临时可以下降（来阻挡洪水）的闸门。而通常情况下，这些闸门会提高到相应高度以保证河水能够汇入海洋。这时候再看图2-3就可以发现，在堤坝的左边有一个附加的保护机械结构，在这个位置流经三角洲的河水会被阻断，并暂时不会汇入海洋，而且主要的水流也被转移疏通到了特定的渠道中。

在鹿特丹港的入口处，还有一种可摆动式的闸门。比如，当风暴来临时，闸门就可以摆到关闭状态（图2-12）。尽管"三角洲工程"在防止风暴灾害上发挥了巨大作用，但河流三角洲地带的人工再处理也确实降低了支流的总体水流速度，导致了堤坝后面及曾经清澈的沟渠当中藻类植物的爆发性生长。

图 2-12　一艘船正在穿越保护鹿特丹港口的闸门

　　1953 年的北海大风暴同样也给英格兰东海岸带来了巨大的破坏，大风暴沿着泰晤士河汹涌前进，一直到达伦敦中部地区。在经历这次大风暴后，有关部门决定横跨泰晤士河建造一座阻挡风暴侵袭的可摆动式闸门，这项工程在 1982 年开始动工。泰晤士河闸门以一种不同于斯凯尔特河闸门的方式运作。通常情况下，泰晤士河闸门安置于河底，而风暴来临时则会升起，有时候在沿着河道侵袭的洪水来临之时，闸门也会升起来阻挡洪水，使其流速降缓。如图 2-13 所示，从下游看闸门为日常维护而升起的景象。泰晤士河有四条可通航的航道和六条不可通航的航道。体积过大的船只就只能在更远的下游码头停靠。由于闸门的阻挡，水流变得更加湍急，因而下游的海岸线也需要进一步加固。来自主管闸门运行的环保机构的最新数据显示，泰晤士河闸门已经因潮水定时涨落的防洪需求上升过 76 次，为缓和流向下游的洪水势头上升过 43 次。现在闸门的使用频率开始增加，2000 年以来闸门大多数时候都处于关闭状态。在 2014 年冬季期间，闸门不得不再关闭 28 次。为了应对不断上升的海平面和更加频繁的使用频率，21 世纪 30 年代之前闸门需要完成扩大和升级。

　　威尼斯目前正在建造一座用来阻挡风暴潮的可摆动式闸门，而圣彼得堡的防护闸门最近也开始动工。很多港口的地形布局都很适合建造类似东斯凯尔特河堤坝那

图 2-13　可摆动防护罩处于升起状态时的伦敦泰晤士河闸门。这些构件平时通常是沉于河底的

样的闸门。比如说波士顿海湾，就适合建造类似这种用闸门组合在一起的构筑物，
而这些闸门在没有风浪侵袭的时候则可以保证往来船只的进出。

　　虽然所有这些洪水和风暴的管理措施都需要大量的建造工程来实现，但考虑到
因这些工程而受到庇护的人口数量和财产价值，所有的付出都是值得的。然而在过去，
美国或大多数其他国家还没有支持这种支出的行政意识，导致有些城市和地产所有
者采用一些地段特殊保护措施来进行防护，比如提高街道或者建筑的标高等。

### 适应更多内陆洪水

　　淡水沿着河流泛滥让许多非沿海城市也处于危机之中。荷兰是这些城市中较为
严重的，因为随着阿尔卑斯山脉冰川的融化，越来越多的河水顺着莱茵河汹涌而下，
穿过占据这个国家大部分面积的三角洲地带。荷兰现在有一项新的政策，叫作"河
流优先"，让洪水在特定区域进行季节性的疏导。与海水相比，如果避开易受损伤的
构筑物，河水一般不会造成永久性的危害。政府预测洪水的态势可能会比 1993 年和
1995 年漫溢至接近已有堤坝的情况更为严重。这项政策的次要目标是增强景观特色，
该目标也很重要。截至 2015 年，已经完成的工程措施包括：移动堤坝位置以加宽河道、

图 2-14 荷兰境内的莱茵河三角洲地带。为了保证更多疏导洪水的空间和河流入口附近有更多的蓄水量，岸线需要退后处理

图 2-15 为了移除在奈梅亨（Nijmegen）和兰特之间的瓦尔河河道中导致洪水泛滥的瓶颈部位而扩展的范围

修建可以疏导洪水的沟渠、通过减少桥梁桥墩来减少阻碍性构筑物，以及修建可以蓄水的水库和低洼地带。低洼地带是指通过堤坝环绕并已经干涸的地带。在第一阶段，居住在低洼地带的居民已经在地势更高的地区得到了异地安置，这样洪水就可以疏导至那些低洼地带。这种情况可能会导致更多地开发其他脆弱地区。远期计划将预留更多的堤坝后退余地、洪水疏导渠道以及蓄水水库，从而可以在 21 世纪末气候变化之前进行未雨绸缪。如图 2-14 所示，展现了整个项目的覆盖范围。如图 2-15 所示，瓦尔（Waal）河河岸的扩展范围（而瓦尔河也是莱茵河三角洲系统的一部分）是在奈梅亨（Nijmegen）和兰特（Lent）之间的地方，除去了河道中导致洪水泛滥的瓶颈部位。图中显示新建了一座桥梁，这样对于洪水的阻力将大大减小。这项新的工程为增建公共空间和增强建成地区与河流之间的联系提供了机遇。三角洲工程保护整个国家免受北海风暴潮和河流再造工程的影响，也展示出其他国家（这些国家到目前为止受到的损害还比较小）在应对气候变化时可能采取的措施。

位于德国易北河畔的汉堡市是又一个预测出气候变化会导致洪水位升高的地区，这将对城市与滨水区的关系带来一定影响。汉堡市将在 2040 年前实施完成绿色系统规划，在城市中划定 27 平方英里（70 平方公里）新建或现有绿地。必要的话，其中某些地区将规划为蓄洪地带。而在其他时候，整个绿地系统会形成遍布整个城市的步行和骑行体系，进而有效地减少小汽车的使用和汽车尾气的排放，带来诸多益处。这项规划还将在汉堡市中心区开发前港，新建建筑和街道将建设在高于海平面 26 ～ 30 英尺（8 ～ 9 米）高的基座上。滨水公共空间位于 15 英尺（约 4.57 米）的

图 2-16　经历了 2013 年洪水后的德国汉堡市马可波罗阶梯广场。建筑建设在高于海平面 26 ~ 30 英尺（约 8 ~ 9 米）的基座上，一般来说不会受到洪水的侵扰，但是公共空间是位于 15 英尺（约 4.57 米）的高地上，因此被淹没在洪水位之下

高地上，从而在抬高的建筑与河水水面之间形成一种过渡，这项设计十分巧妙。然而，这些公共空间是会被洪水淹没的。如图 2-16 所示，在 2013 年的一次风暴潮中，汉堡市的马可波罗阶梯广场淹没在了洪水之下，但是由于建筑物处在更高的位置，因此人们的活动并没有受到干扰。其他大城市的滨水区或许可以借鉴这种抬高建筑和街道的设计，用以应对未来的洪水。

## 适应干旱和保护饮用水资源

在每年的特定时期，有些地区降雨量会过多，而另外一些地区却又太少，气候变化加重了这个问题。比如，在美国密西西比河东部的大部分地区有时会水量过多，而位于河岸西部的地区水量又太少。唯一的例外就是太平洋西北部沿岸地区。像澳大利亚和美国加利福尼亚州这些深受干旱之苦的地区，气候变化和人口增长会给食品生产用水以及城市和郊区生活用水的供给带来越来越多的压力。要想缓解干旱，不仅需要实施像海水淡化和港口处修筑堤坝这种大型工程项目来保持淡水，还要安装大量的应用于私人住宅和商业建筑的节水设施。

### 海水淡化

地球上有着极其丰富的海洋水资源，通过海水淡化滤网的过滤，海水将成为可饮用的水资源。但这种程序经济成本高、耗能大，并且淡化后产生的高浓度盐分需

图 2-17  澳大利亚墨尔本市内能够供给全市 1/3 水资源的维多利亚海水淡化厂

要以一种对环境无害的方式进行处理。澳大利亚的各大州就是利用海水淡化来解决淡水资源不足的问题，并以此达到缓解干旱的长期目标。维多利亚海水淡化厂不仅解决了墨尔本市 1/3 的水资源供给问题，还解决了上面提到的海水淡化的两大难题。这个海水淡化厂的电能由专门的风能发电厂提供，也可以利用其他可再生能源发电。为了保护环境，维多利亚海水淡化厂以及其他淡化厂一般先将淡化过程中产生的盐及其他副产物还原为固态，再将其填埋在废渣填埋池中，而不是以浓盐水的形式返回到海水中（这种方式会对海洋生物的生存带来不利影响）。考虑到长远的环保目标，海水吸取的管口设置在超过半英里（1 千米）之外，将淡化工程对近海水域的干扰降低到最小。第三个难题在于经济成本，但是由于常规水库也都比较昂贵，且跟城市的水资源枯竭相比，付出任何代价进行挽救都是值得的。当初这项工程在长时间干旱的情况下开始启动，在 2012 年工程竣工之后，蓄水水位处于极低水平的墨尔本各大水库开始再次恢复正常水位。当前，海水淡化厂处于一种有效的运转状态：不是时时刻刻都在运行，而是会在有需要的时候随时待命。海水淡化厂的厂房有着绿色的屋顶，厂房周边地区也修复成为生态公园（图 2-17）。悉尼、珀斯、黄金海岸、阿德莱德也在利用海水淡化水资源。在以色列、沙特阿拉伯、阿拉伯联合酋长国以及其他中东地区国家，海水淡化技术得到了极其广泛的应用。

世界上很多地方都开始使用海水淡化技术，但很少有像墨尔本市这样将海水淡化的运用与环保联系得如此紧密的。海水淡化厂是防止城市滨水地区水资源枯竭的保障，因此未来极有可能建设更多的海水淡化厂。但是新建的海水淡化厂需要考虑减少因其使邻近水域盐分含量提高，或者因能源供应需要而向空气中排放更多废气所造成的环境污染。而墨尔本海水淡化厂的实践证明，以上这些问题都是可以得到解决的。

### 蓄水河口

每天都有大量的淡水从河口流入海洋，如果这部分淡水能够储存起来，将成为人类淡水资源的有效来源。新加坡政府通过建造堤坝将滨海湾（盐水湾）转变成一个淡水蓄水库。这座堤坝是一座大约 1150 英尺（350 米）长，在海湾处拦腰截断的拦河坝（图 2-18）。这项工程不断向新加坡现有蓄水系统补充水源，提供整个国家 10% 的水资源。水库中的蓄水位通过在低水位季节向海水中放水和高水位季节用水泵系统抽水来实现水位的稳定；当然，有些时候的水位下降是由于新加坡的给水系统供水而造成的。滨海湾大坝与比它长得多的阿夫鲁戴克拦海大坝（Afsluitdijk）情况很相似。荷兰的阿夫鲁戴克拦海大坝在 20 世纪 30 年代早期竣工，这座大坝将须德海（Zuiderzee）盐水湾变成了淡水湾艾瑟尔湖（Ijsselmeer）。抑制须德海盐水湾是为了开辟更多干涸的陆地，同时也可以开发淡水水源。类似这种堤坝的工程实践很早就证明是可行的。新加坡的滨海湾大坝也发挥着防洪堤的功能：在大坝建成之前，河口湾处一直饱受洪水泛滥的干扰。正如之前所提到的，加利福尼亚州中部地

图 2-18　横跨新加坡滨海湾入海口的大坝将流过的盐水转化为淡水储存起来。图片中的前景为新加坡盐水海峡

区的圣华金河河口（淡水湾）正受到海平面上升的威胁。对这种情况而言，新加坡这样的堤坝或许是一种解决办法。

**水资源再循环**

没人希望自己的饮用水是从污水处理厂出来的，但事实上很多城市给水水源的上游都有污水处理厂的排水口。如果使用过的水资源能够得到更多的回收再利用，那么即使是在人口增长的情况下，不断补充水资源的需求也会大大减少。在新加坡，有些污水处理厂增加了一道净化工序，净化后的水会标明是"再生水"，现在这种水只作为工业用水使用。在其他一些国家，比如以色列，经污水处理系统净化过的水资源得到了广泛应用，一般是作为作物灌溉用水。美国国家科学院的水科学与技术研究所在 2012 年的一份报告中提到，净化后的水资源可以以多种方式回收再利用。[5]显然，这些方式在未来可能会成为必要的方式，并且实施技术也极有可能会在此之前得到发展。

**节水**

目前有很多节水方法，例如淋浴的节水器和更高效的厕所都已得到了普及，或者仅仅是在用水时关注节约等措施也越来越多地被人们所接受，这些措施的广泛应用开始产生一些重大影响。对于干旱地区来说，用来处理多余水的提水桶或蓄水池对储存雨水来说也很有效。未来人们可能惊异于过去自己居然使用净化过的饮用水洗车、浇灌草坪，而不是使用从屋顶、污水池、淋浴和洗澡盆收集并储存在蓄水池中的中水。人们很少会想到这一点，但是在独立的私人住宅周围拥有一片草坪作为社会地位的象征始于英国郊区住宅，在那里精心维护的大草坪就是周边环境的重要组成部分。与其他英语系国家的郊区相比，英格兰的气候更加湿润，维护草坪仍然被看作是房主的责任，通常会有地方性条例进行强制性约束。"旱生园艺"是丹佛市水务局发明的一个术语，它明确了在丹佛采取一种替代方案，即塑造宅前景观时可选择一些在无须灌溉的情况下也能够存活的植物品种。这就意味着，在亚利桑那州和加利福尼亚州南部等干旱地区，会通过种植沙漠植物呈现出完全不同的景观。

在某些地区，使用中水冲厕所可能是很必要的，即使这意味着需要在每一栋房屋内安装两套分开的卫生管道系统，但卫生部门对此非常谨慎，他们担心人们会为了节省水费开始饮用中水。免冲洗的马桶和小便池也是一种可选择的技术。免冲式小便池已经在一些新建建筑物内部投入使用。堆肥厕所也是能够买到的，但需要一定的维护。目前在很多水资源有限的地区，堆肥厕所普及率很高，并且这对于世界上很多地区城市中蔓延生长的棚户区来说，可以有效改善其卫生系统条件。

## 适应全球性粮食危机

根据联合国 2012 年发布的报告，到 2050 年，世界人口将由现在的 70 亿人增长到 96 亿人。[6] 如果想要控制未来的全球性饥荒，目前已经捉襟见肘的粮食供应则需要更加特别的管理约束。加上旱灾和洪灾，控制粮食短缺就变得更加困难。基本农田用地（通常离城市很近）的面积仍然在持续减少。一般情况下，政府不得不实施一些空中开发权转让或土地收购这一类的项目，来保证农用地或环境资源不会过早地因开发活动而受到破坏。加拿大的不列颠哥伦比亚省自 1973 年开始就在施行一种更为综合的农用地保护措施。这项省域范围内的区划方案中规定将全省最好的农用地保护起来，免受城市开发活动的干扰，只允许在这些农用地中进行农牧业的生产行为。方案刚开始实施的时候经历了一些波折，但后来这种区划控制系统不仅得到了普及，在操作上也具有一定的弹性。现在人们越来越觉得这项区划方案十分重要，尤其是在当今食品安全和城市近郊粮食生产受到持续关注的时代。

农业一般是水资源的主要消耗途径，种植农作物通常需要人工灌溉，即使是在年降雨量比较大的地区也是如此。在干旱地区或是正处于旱季的地区，相当一大部分的水资源都会用于农业生产。虽然水资源确实应当优先用于粮食生产，但是同时也必须确保水资源的合理利用。在干旱地区，关键问题在于灌溉过程中水分的蒸发率。常用的喷灌系统（从飞机上俯视，看起来就是绿色的圆圈）虽然能够有效地灌溉到很大的范围，但蒸发率却奇高无比。虽然与喷灌系统相比，滴灌系统的管理和维护难度更大，但是通过成排作物之间的管道能够将大部分水分输送到植物根系。测量农民的用水量并按照恰当比例收取水费可以促进像滴灌这种节水技术的应用。不论如何，在某些地区根据用水量的差异来选择种植哪种作物是十分必要的。

### 城市和郊区农业

现代农业产业和全球性的粮食分配体系能够养活世界上急速增长的人口吗？是不是还应该有一个规模更小、更加分散的粮食生产体系？随着大量的粮食、禽畜生产对环境产生的不利影响越来越大，我们该如何更好地控制饥荒和未来的土壤退化呢？在世界上的很多地区，传统的农业生产仍然是人们赖以生存的基础。如果农民们能够学习更多的现代农业技术并且使用可负担得起的种植设备，这些小型农场和种植园的粮食产量就会大大提高。在发达国家，由于农贸市场和特色食品杂货店体系迅速崛起，能够专门销售产品，农场因此而得到了复兴。尽管这一趋势主要是为了向愿意支付更多价钱的人提供更优质的食品，然而，这一强烈迹象表明，传统农业仍然具有很大的价值，应当得到相应的保护。因此，在现有郊区和城区实现小型农业用地的潜力是世界粮食供应发展不断演变的一部分。供应当地食品将节省运输成本和长途运输食品所产生的汽车尾气排放，而且农产品会更加新鲜，种类也会更加丰富。

如果消费者也能够为农业生产贡献一些力量，那么粮食供应将更加充足。比如可以在窗台上的花盆箱、社区花园和小区后院等地方种植草本植物，把草坪变为菜园，或者把当地经营不善的高尔夫球场改为农场。而且如果该高尔夫场地隶属于房地产协会或是当地社区，或许还可以转变为农业生产合作社。现在很多城市都在进行这种都市农业的小型实践，实践的方式也多种多样。

例如，在温哥华，不少农民利用市中心建筑群的屋顶经营商品菜园，而这些建筑屋顶的最初设计只是用作景观装饰的。还有一个名叫"精神农场"的非营利性组织专门培训失业者（有时候也有流浪者）去照管农作物，并且现在已经有超过 6 英亩（2.4 公顷）的停车场地和空地使用便携式的种植箱进行生产。这种经济型的商品菜园在 48 小时内就可以成型，而且一年之内可以收成多次。以上两种方式都得到了当地饭馆和家庭的支持，他们往往每周都要消费定量的蔬菜。人们所做的这些努力虽然很微小，但却带来了巨大的潜力。

### 城市温室大棚

近年来，一些企业家开始在仓库和车库的屋顶上建造城市温室大棚，以此来为饭店和消费者提供高质量的本地食品。工业用房的屋顶往往在城市中占据了较大的面积。如果以上措施可行的话，那么利用工业用房屋顶建造的城市温室大棚的面积将会有极大的增长空间。蒙特利尔的鲁法（Lufa）农场就坐落在一座仓库的屋顶之上。农产品通过"厂家直销"的方式直接提供给消费者。鲁法农场主要依靠雨水灌溉，且有一套自己的水资源循环利用系统，因此根本不需要依赖城市的水资源。纽约市的哥谭（Gotham）温室大棚是另一个屋顶农场系统的例子，其第一个温室大棚建造在布鲁克林的绿点区（Greenpoint）（图 2-19）。现在已经有两个哥谭屋顶农场在建造施工，在未来还有更多的规划，销售方式也包括了为百货店提供包装好的新鲜食品。这些温室大棚的环境也会保持一定的控制，以保证全年高产，通过计算机辅助系统实现对温度上升和下降、灌溉以及作物营养成分的控制。新加坡的空中绿色温室通过水力旋转系统将种植蔬菜的托盘堆叠起来进行立体种植，并因此而得到国际关注。这项装置使得有限的建筑面积提供更多的种植空间成为可能，是一种能够让小地块城市用地单元更加高产的有效方式。与全天暴晒于日光之下的情况相比，该种植系统的每一层托盘接受的日照量都较小，而这个特征使得该种植系统非常适合像新加坡这样具有强烈日照的热带气候。然而，可移动式种植托盘也增加了运营成本，生

图 2-19 纽约市布鲁克林区的绿点区屋顶农场内部。这个农场是纽约 3 个屋顶农场中最先建造的，还有更多的农场在规划之中

产可移动式种植托盘并且在温哥华市中心区经营车库屋顶蔬菜大棚的阿特鲁斯（Alterrus）公司陷入了破产并停止经营，说明这种种植系统是亏本的，以至于这家公司最后别无选择，只好歇业。

虽然有了阿特鲁斯公司的失败教训，但是在城市中建造屋顶温室确实是一种比较好的选择，可以通过立体农场的形式利用建筑空间为都市农业服务。这种设想得到了很多人的支持和提倡，比如哥伦比亚大学的迪克森·迪斯波米耶（Dickson Despommier）就在其《立体农场》[7]一书中对这种设想有所提及。在仓库和车库屋顶上建造温室，往往要求建筑的结构能够承受额外的重量。与建设专门的建筑来建设立体农场的做法相比，这其实是一种更简便并且更有发展空间的扩大城市农业用地的方式。

这些案例表明，在城市和郊区的粮食种植其实可以有很多种方式，并且可以解决世界上急剧增长的人口对粮食的需求。不过，如何在浪费最小的情况下进行粮食生产与分配仍然是一个大问题。

### 适应森林火灾风险

火是森林生物圈的一部分，但是随着气候的变化，暖气流逐渐逼近北极地区，森林火灾也变得越来越频繁和严重。气候变暖之后就会带来冬天变短、积雪早融和火灾隐患季节的延长。一旦树木对当地气候产生不适应，它们就会变干以及对虫害和疾病更加敏感，最终变得极易着火。20 世纪 70 年代以来，美国境内森林火灾的发生频率增长了 4 倍。气候变暖会让森林中的树木达到着火临界点，从而会使整个林区走向毁灭，正如新墨西哥州洛斯阿拉莫斯市（Los Alamos）附近的矮松树林的照片中所显示的那样（图 2-20）。2002 年，一些树木的生长情况变得

图 2-20 枯死的灌木丛。这组照片是在相同的位置拍摄的，都位于新墨西哥州洛斯阿拉莫斯市附近，左图拍摄于 2002 年，右图拍摄于 2004 年

越来越差，并且开始枯萎；到 2004 年，同样位置下拍摄的照片显示，树木已经全部枯死。森林里的枯木会因闪电或粗心大意，甚至有时因人类的恶意行为而着火。在气候变暖的背景下，闪电风暴发生的频率会更高，也会有更多的人在离森林更近的地方游览或居住。

通过清除干枯的灌木丛和枯木，可以有效降低森林火灾的风险。美国境内只有很小面积的国家森林每年按照这样的方式进行维护，而且经费划拨也有所减少。美国农林火灾管理部门的主席托马斯·蒂德韦尔（Thomas Tidwell）在 2013 年国会中宣布，美国 42% 的森林面积需要进行火灾预防处理。[8] 蒂德韦尔还提到，同样的证据也表明，国家森林方圆 0.5 英里（约 0.8 千米）范围内的居住区单元从 1940 年的 48.4 万个增长到了 2000 年的 180 万个。在同一时期，国家林区边界范围内的居住单元从 33.5 万个增长到了 120 万个。他还提到，超过 4 亿英亩（1.6 亿公顷）的绿地在一定程度上存在着发生"非比寻常的森林大火"的隐患，超过 7 万个社区存在风险。

在美国，超过 300 万个居住单元位于国家林区边界以内或周围 0.5 英里（约 0.8 千米）的范围内，这些居住单元明显处于森林火灾危险的前线地段。降低住宅受到火灾不利影响的方法有很多种，比如通过清除房屋周围的植被或者使用不易燃的建材重建房屋（就像通过提高房屋所在地坪标高就可以使其免受洪水大浪的破坏一样）。随着时间的推移，应对逐渐增加的森林火灾危险与应对海平面上升的威胁难度相当，但在一定程度上，维护某些地区房屋的花费往往难以为继。这些地区可能需要重新划定范围，因区位的火灾危险性太高而不适合作为永久性聚居点。

## 挑战 2：减少全球变暖的诱因

　　正如这一章所叙述的，有很多个可以适应气候变化早期阶段的方式，从而用来掌控气候转变的过程，虽然这一过程并不容易。在气候条件恶劣的地区，居住是一个艰难的抉择，而且为了保证主要海滨城市的安全，需要实施造价昂贵的工程措施。如果能够尽一切可能控制并减少温室气体的排放，那么极端的气候变化，例如海平面高度上升到需要滨海区居民迁走等情况应该能够得到避免。除了有些人依然否认气候变化的存在或者否认人类能对此做出任何改变之外，几乎所有人都同意应尽力实现这一目标。温室气体减排的目标显然是一个巨大的问题，需要空前的国际合作才能实现。然而，生态设计措施确实可以减缓全球变暖的趋势，尤其是通过在单体建筑使用可再生的清洁能源和在整个城市中使用新型设备来减少能源消耗量等措施。尽量提高单体建筑的能源利用效率也十分重要。城市完全能够以不危害自然生态系统的方式来实现发展和扩张，其中有一些方式已经被明确是可以用于适应气候变化的方式，并且它们还可以成为缓解全球变暖的诱因。

### 使用分散式的可再生能源

　　全球仅有 1/3 的能源经由发电厂转化为电能并传送到电网。在发达国家，大约有 5% 的电量在输电过程中流失。而在一些欠发达地区，流失电量则达到了 20%。太阳能电池板能够将太阳能转化为电能，这在某些情况下是一种更加经济合理的方式。不仅太阳能电池可以提供可再生能源，并且配备了此类电池板的建筑物还能够直接利用其产生的可再生能源。但是，有一个很大的问题是，到了晚上或者多云的时候太阳能电池板怎么办？现在看来，最好的方法是将（配备了太阳能电池板的）建筑与电厂连接起来，将太阳能电池板产生的多余电能转移到电厂储存起来，到了晚上或者多云的时候再使用之前储存的电能。为了提高电动汽车的效率而开发的太阳能电池也可以应用于建筑上来储存电能。随着技术和经济的提升和进步，更多的建筑物会装配太阳能电池板。

　　建筑群体的设计应当能够保证太阳能电池效用的最大化，就像建筑师罗尔夫·迪奇（Rolf Ditsch）设计的德国弗赖堡居住区项目一样，如图 2-21 所示。为了达到最好的日照效果，场地规划组织要求住宅朝向严格遵守朝南的规定。屋顶的倾斜也按照弗赖堡所在的纬度设计了最佳角度，以保证（太阳能电池板的最佳）日照。位于居住区西部的一栋混合功能建筑，其朝向与其他建筑呈垂直角度，但是它的太阳能电池板依然保持着最佳朝向（图 2-22）。像这样的一个项目，即使是在弗赖堡也并

图 2-21  弗赖堡居住区的鸟瞰图，显示了太阳能电池板的排布。电池板的朝向均为南向，倾斜角度也调成了最佳角度

图 2-22  "日光之舟"是德国弗赖堡（图 2-21 鸟瞰图里的居住区）的一栋公寓建筑，项目中的住宅底层均为沿街零售商铺。建筑的长边朝向虽为东西向，但是太阳能电池板的朝向仍然为朝南的最佳朝向。建筑群的设计者为建筑师罗尔夫·迪奇

不多见，它以鼓励绿色技术应用而闻名国际，通过图 2-21 可以看出，其周边的建筑并没有使用太阳能电池板，该项目的设计理念在很多中等密度的地区都是可行的。

地热能作为另一种提供能源的方式可以为建筑制冷或供热，它提高了压力热风供暖系统的效率。在地球表面以下大约 10 英尺（约 3 米）的地方存在着一个恒温层，其温度保持在 50□（大约 10℃）的范围内。在这个水平线上建设一个充满水并且闭合的环形管道，管道中的水可以持续不断地在地下和建筑之间循环流动。当室温高于地下温度时，循环的水会把凉爽的地下温度传导至地热装置，从而提高制冷过程的效率。在天气变冷时，其作用则恰好相反，从而使供热过程的效率也得到提高。因此，与常规的供热和制冷系统装置相比，地热系统消耗的能量更少，但是从目前的能源价格来看，很多地方都需要十多年的时间才能弥补之前对能源储备的浪费。正如太阳能电池板一样，为了使区域或国家层面的能源利用效率提高，需要大批量的这种地热系统装置，因此需要对地热系统装置的安装提供一定的鼓励措施，如同提倡安装太阳能电池板一样。

人们通过能够与电厂连接的涡轮机可以利用风能发电。虽然目前风能并没有普遍应用于单体建筑，但如果未来小型涡轮机的效率得到提高并且能够做到在向建筑输电的过程中使电能的损耗减小，那么风能将可以得到普及。

## 减少地区工业和电厂废弃排放

化石燃料依然是目前最廉价的能源，人们也是因为这样的原因不想对此做出改变。之前就职于美国宇航局，现今在哥伦比亚大学工作的詹姆斯·汉森（James

Hansen）认为，燃烧化石燃料是导致气候变暖的最主要原因，他是持有这一想法的人中话语权最强的人之一。他认为，目前很多针对化石燃料方面的补贴都没有必要，碳的使用和排放的成本均应通过税收来提高，并且现行的对排放物的"净化处理"这一条例应当进行全面普及并强制实施。他认为，用"碳税"提高化石燃料的价格是最好的推动机制，并且将促进碳减排的技术创新。[9] 为了达到碳减排的效果，他的计划设想就必须在全世界推行，尤其是像中国和印度这样人口众多的国家。美国东北部的 9 个州及加利福尼亚州，还有加拿大不列颠哥伦比亚省和斯堪的纳维亚国家通过了"碳税"，这是进步的标志，但还未能达到解决世界问题的普及程度。

地热能存在于天然热水水源地，比如间歇泉。它极易从地表获得，因此已经在世界上的很多地方得到应用，包括冰岛、日本和美国加利福尼亚州索诺马县。使用增强型的地热能源产生电能需要不断向地下深挖直到达到地热源的所在深度。麻省理工学院教授杰斐逊·特斯特（Jefferson Tester）主持的一项报告称这种技术是可行的。专家组得出结论，增强型的地热系统可以利用美国境内很多地方的地热来获取能源，从而能够在 2050 年之前为国家提供至关重要的电力和热能。这个结论显然也适用于全世界。根据专家组的陈述，相关研究表明大规模采用增强型地热能源的成本要低于建设一个新化石燃料发电厂的成本。[10]

### 减少交通能耗

根据美国环境保护委员会报道，在美国 2012 年的温室气体排放总量中，交通气体排放量所占的比重达到了 28%。而根据加拿大环保局的数据，其所占比为 24%。很多人在努力减少交通排放量，最有可能的结果是，这个问题可以通过提高机动车辆运转的方式得以解决，虽然减少私家车的出行量也很重要，第 3 章将具体讨论这一问题。电动汽车供电最好使用太阳能或其他可再生能源。否则，即使汽车发动机不会产生污染，但发电厂仍然会排放废气；此外，电能通过电网从电厂输送到电动汽车的过程中产生的流失也会让温室气体的问题恶化。此外，人们还对输送过快时电网的容量表示深深的担忧。在光伏电池板和电池方面的技术研发可以互相结合，以达到减少对中央发电厂的依赖。

另外一项技术——氢燃料电池对于机动车来说是一个潜在的具有吸引力的选项，因为氢燃料的产物是水。虽然它的价格很高，但是随着产量的增加，其成本就会下降。但是，有一个难度比较大的问题是如何以一种对环境友好的方式生产氢气。因为通过天然气来制备氢气效率并不高，而且环境效益很低。由于很多人都在努力解决这个问题，氢燃料电池终有一天会像电动汽车一样能够有效减少街道和高速公路上的尾气排放污染。

## 新的开发建设应避开不适宜进行开发的地区

伊恩·麦克哈格的《设计结合自然》在 1969 年首次出版，书中重点阐述了建筑师、规划师和工程师都应当顺应自然，而不是去破坏自然。就像船员需要了解风向和洋流，才能保证航程的安全高效。麦克哈格还叙述了沙丘对于保护海岸线免受侵蚀的重要性，但是人们有时候会为了亲水而去除沙丘，然后以海堤取而代之，但海堤的稳定性和寿命要比沙丘低得多。此外，麦克哈格还谈到关于河流流域的自然系统以及建筑物的建造过程给河流流域的山坡和湿地会带来不必要的侵蚀和洪水。

麦克哈格的观点在今天看来仍然很有意义。根据他的经验，自然系统的进化非常缓慢，在实际有目的的开发过程中可以将其看成是一个稳定的体系。但是现在我们发现，全球变暖影响下的自然系统变化十分迅速，这也使得直面他所提出的问题变得更加紧迫。

麦克哈格在《设计结合自然》一书中建议，在一切开发活动实施之前，都要建立环境数据库，用以保证发展过程能够避开不宜建设的用地区域。他创立了一种地图系统，将那些受建筑物建设活动的破坏影响较大的地区以覆盖层叠加；因此，没有显示在覆盖层或出现在最少覆盖层的地区是进行建设活动的最佳地块。麦克哈格当时是用描图纸绘制的叠加地图。他所使用的这种方法是目前 GIS 程序的基础之一——在图层中编辑数据；与基于纸质图纸的方法相比，这种基于计算机图层的方法可以进行多种精度更大的复杂计算。

当前，美国、加拿大和许多其他国家的政府机构已经有了十分先进的 GIS 地图，可以用来提前计算出对气候的影响，还可以基于环境稳定性来划定自然系统中需要保护或修复的地区。宾夕法尼亚大学的一个研究所采用 GIS 的"麦克哈格法"验证了佛罗里达州各地区保护优先等级。如图 2-23 所示的 5 个图层中，从上到下依次表示的是：得分最高的需要保护的自然栖息地、不能开发的具有地下水的地区、最重要的湿地、主要的农业用地和第五等级需要保护地区之间的联系的土地。如图 2-24 所示，地图由五大标准层组成，其计算过程包含了气候变化的评估。而且这张地图中还加入了已经纳入保护的国家级和地区级的公园用地，因此会产生一个理想的土地保护网络（图 2-25），并且佛罗里达州未来需要进行保护的自然保护区或农田保护区在图 2-26 中都有所显示。对各地新的城市化地区进行关于自然系统保护和气候变化风险方面的研究，可以避免道路和市政设施的建设对农业或水资源供应产生负面影

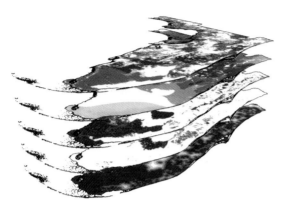

图 2-23　GIS（地理信息系统）对佛罗里达环境因子的综合排序。从上到下依次为：栖居地、水、湿地、农业用地和过渡层

图 2-24　佛罗里达的 GIS 合成地图展示了 5 个评估土地重要性的标准，分别为：栖居地、水、湿地、农业用地和过渡层。颜色最暗的区域是需要优先进行保护的

图 2-25　佛罗里达州的 GIS 地图，显示了已经纳入保护的地区

图 2-26　将不同等级的土地保护区（包括已经纳入保护的地区）进行叠加，在 GIS 中会产生一个理想状态下的佛罗里达州土地保护网络

响。这样的一个过程可以避免未来很多重大问题的发生，例如潜在的洪水灾害的发生。温哥华大都市区通过咨询地方政府和公众之后绘制的绿色区域（Green Zone）图就是这样的一个案例（图 2-27）。图中标定了需要保护、不易开发的农业用地和环境敏感区域，有些保护地区之后可以作为市民的休闲地带。

## 将环境图纳入发展条例

温哥华大都市区绿色区域图通过开发条例将规划实施上升到了政府层面。此外，

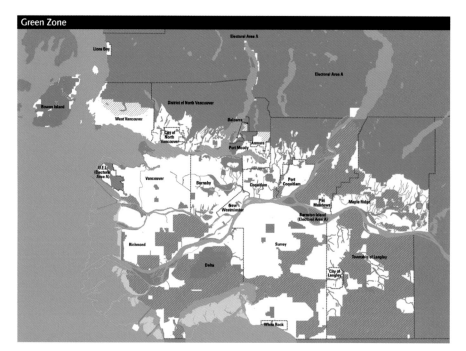

**图 2-27** 温哥华大都市区的绿区划定，这是一项与该地区公众和市政府磋商后制定的土地保护政策。为了保持不列颠哥伦比亚省的农业用地储备，要保护重要的绿地免受城市开发活动的破坏

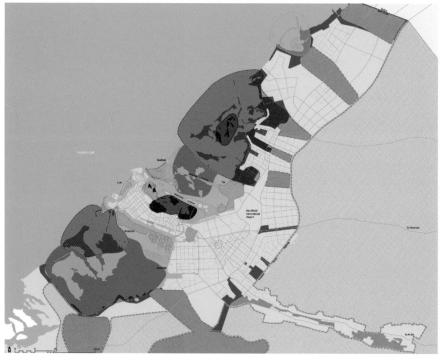

**图 2-28** 阿拉伯联合酋长国于 2008 年通过的"阿布扎比规划 2030"将一个称为"绿色梯度"的环境覆盖层作为主要框架。这张地图显示了基于特殊开发考虑的敏感区域。虽然范围很广，但它提出了一个观点，即必须尊重自然环境，然后制定了详细的规章制度

GIS 的描述和预测复杂结果的能力也可以应用于决策制定方面，反过来，也可以应用于改进地区开发的条例。

GIS 能够定义各种环境区，比如侵蚀的山坡、河岸地区、水质保护区、湿地、洪水和洪水冲击区，这些土地信息都可以添加到法规文本和官方地图中。在尚未被城市化过程吞并的地区，可以像土地利用区划一样建立环境区，伴随一个列表标明允许使用的代码清单以及如果有单独的开发法令（如细分法令）应该如何开发这种土地的说明。而对于已经开发或者城市区域已经形成的地区，这些环境限制条例就可以抽象为识别潜在的土地利用和密度，但是仍然可以保护自然景观的叠加图。阿联酋阿布扎比的规划就完成了一个基本的叠加图，它的概念为绿色梯度，就是通过不同环境敏感度下城市土地的开发潜力评估来指定土地开发潜力的类型和密度（图 2-28）。由于阿布扎比的生态系统比较脆弱敏感，因此将这样的土地划分方式从政策层面转向实施层面是有难度的，但是在土地利用规划的过程中至少应该建立这样的环境意识。

从联邦急救管理署（FEMA）的图则上可以看出，沿海地区深受飓风或其他大风暴所致的洪水影响，这些信息都可以纳入当地利用 GIS 绘制的管控图中。这样做将有助于划定洪水淹没区，其中还包括 FEMA 旨在降低风暴损害而制定的抬高居住区标高及其他的一些建设性要求，这些条例通过开发适应性导则来保证实施。划定洪水淹没区时，地方政府应考虑是否允许这些地区进行开发，以及是否希望对新的开发项目制定更加全面的要求，例如提升整个地区的标高，而不是提高单体建筑的高度。

用于制定开发监管决策的地图也需要做出改变，其中应包含关于土地使用边界、水系和现有植被的 GIS 信息，并且应该重新制定规则以减少重新分级的数量，从而能够尽可能地保留现有的植被和边界。在自然环境中，为了应对洪水和土地随着时间的推移而逐渐演变，其开发越保守，未来洪水的问题就越小。

环境图可以提供更为具体的保护自然的方法，而不是通过使用限制道路、市政设施和建筑物外边界的法定增长边界限制。俄勒冈的增长边界就是一个很著名的案例。法定增长边界的优点是，能够最大限度地保护土地免受城市化的侵蚀，直到确定需要改造它为止。但是，如图 2-29 所示，这种做法的缺点是边界内的土地保存较少，因为城市服务是分布在城市各处的，而且这种边界也容易受到与环境条例无关的政治压力的干扰，将法定增长边界与基于环境图的发展条例相结合将是解决这一问题的有效措施之一。

图 2-29  在俄勒冈州的波特兰大都市区，住区开发用地一直蔓延到法定增长边界，图中前景显示的是农田

## 管控流域内开发活动以减少洪水和侵蚀

在伦敦、汉堡和其他一些大型城市，从受保护的人群和财产的庞大数量就可以看出，工程投资如防洪屏障和海滨区域加高的成本是十分巨大的，而保护与开发活动之外的农村地区就可以自然地运转。世界上的许多河流都会流经已开发地区，但是这些地区并没有达到伦敦或者汉堡的水网密度。对于这样的地区，最好的保护方式就是在河流最先流经的地方蓄留雨水来减少洪水的发生。如果雨水可以蓄留在地表植被中并逐渐被吸收，那么就可以大大减少引起洪灾和侵蚀的雨水的快速流动。在雨水系统与排水系统结合在一起且没有分流的城市里，暴风雨的径流会超过污水处理厂的容量，导致污水溢出进而排入河流或港口。美国环保局下令制止这种问题的发生，命令使用大量小型设备来蓄留暴雨雨水，例如可以使用完全分开的雨水系统与排水系统，或是在污水处理厂放置储罐来储存污水，但这种造价昂贵的工程措施只有在十分必要的情况下才会被使用。

所有土地都是流域的一部分，大河的流域是由较小的流域组成的。图 2-30 为宾夕法尼亚州兰开斯特县的地图，该图显示了每条河流以及河流流入的地区边界。这些河流大部分都会流入位于图中左边的萨斯奎汉纳河（Susquehanna River），接着通过切萨皮克湾（Chesapeake Bay）流入大西洋，向南流去。第二张地图（图 2-31）显示了兰开斯特县的建成区与流域的关系。早期定居者们倾向于沿着将每个流域分开的山脊来建造他们的房屋，这是一个明智的选择，因为这些地方是最不可能被洪水淹没的地区。他们还建立了一种今天依然好用的模式，第三张地图（图 2-32）就显示了排水模式、发达地区和农田是如何相互作用的。

在还未城市化或者未进行过耕种活动地区的流域长期以来形成了一种自然平衡。

随着时间的推移，山坡稳定，水土因植被而得以保持。河流岸线也相对稳定，洪泛区和湿地吸收了季节性的降雨或降雪，其中大部分降水会过滤到地下含水层，而另一些则蒸发到大气中。

随着流域变成农田，接着又在上面建造道路和建筑物，这让它们自身的自然平衡受到了干扰。此外，山坡被推平用于建造农田或房屋，并在推平的土地上修建道路和停车场，而且树木和其他植被也都被铲除，所有的这些举措都使水土流失变得更加严重。虽然河水流域自身可以适应这些变化中的一部分，但是随着城市化覆盖越来越多的土地，重新开发施工的环境造成了侵蚀和洪水。在美国的许多郊区，政府地图上显示的易暴发洪水的地区已经成为过去式，而原先显示每百年一遇洪水的地方现在却经常被洪水淹没，并且洪水平原的面积也变得越来越大。在不断变化的气候中，大规模的风暴灾害使得洪水愈加严重。解决这一问题的根本在于恢复植被储蓄雨水的能力，从而使流过的水量减少，同时大部分的雨水也会慢慢被吸收，衡量这种举措效果好坏的标准就是水系能否像以前一样免受人类活动的干扰。

排水区域内的蓄留水需要比对荷兰政府发起的大型工程项目，与中央政府支持的项目不同的是，流域管理需要许多私人土地所有者和地方政府的统一行动。如果社区可以颁布与现行法规相似并以保持建筑物免受火灾或坍塌威胁为

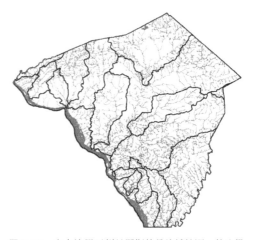

图 2-30 宾夕法尼亚州兰开斯特县流域地图，其边界显示为深色的线，县内的大多数支流向西排入萨斯奎汉纳河

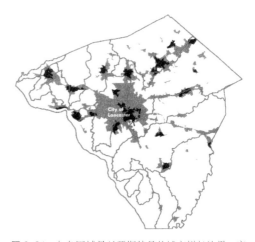

图 2-31 灰色区域是兰开斯特县的城市增长边界。宾夕法尼亚州覆盖在流域的边界在图中显示为绿色。较暗的区域是混合在一起的自治市镇

图 2-32 宾夕法尼亚州兰开斯特县的街道、建筑物和河流的一部分。黄色区域为一个私人项目的受正规保护耕地，并不是自然边界。深绿色区域为树林

图 2-33 私人住宅的落水管能够很容易地被导入雨水桶里，而不是院子里或是城市内的雨水系统。该雨水桶是由纽约州布法罗市的非营利组织 "PUSH（People United for Sustainable Housing 的首字母缩写）布法罗" 免费派发的。这个非营利组织的名称是 "为可持续住房团结起来"

目的的规章制度，或者如果地方政府不断对街道和停车场进行小规模调整，那么大目标就可以通过多种小规模行动来逐步实现。

以简陋的雨水桶为例，它一度是农村生活的支柱。从屋顶延伸下来的排水管可以很容易地插入一个 55 加仑（约 208 升）容量的水桶（图 2-33），当然还可以插入更大的容器。容器外应配备一个水龙头，并且滴灌软管可以连接到水龙头，用于浇灌院子中的植物。或者在风暴消退后的一两天，水桶可以轻松地将雨水清除。当天气低于冰点时，可以断开雨水桶。根据费城水务部 2012 年的报告数量显示，已经发放了近 3000 个容量为 55 加仑（约 208 升）的水桶。费城的任何家庭都可以得到一个免费水桶，但每个家庭必须有人参加水桶安装的学习。因为典型的费城屋顶排水管通常直接连接到雨水下水道或者几乎立即流入街道。该市的水务部门估计，即使只是这一小部分城市房屋装有水桶，也会在一定程度上成为对所有房屋的一种简单的监管行动。私人房主的成本会得到补贴，或者可以通过每月水费的小额增加来支付。

从屋顶排水口进入大型郊区场地的水可以被地表植被吸收，但是水也可以流回地下室。还有一种功能更高级的雨水桶,这种雨水桶适合安装在面积较大的郊区房子,可以储蓄屋顶雨水或者从水槽和浴缸回收的中水，也可以储蓄来自水槽和浴缸的灰水。这样的水箱配备有电动泵，里面的水可以用于洗涤汽车、平台和其他外部区域，并且能够用来浇灌草坪和植物;在更复杂的安装过程中，房屋内需要单独的管道系统，来自水箱的水甚至可以直接用于冲洗厕所。

同雨水桶和水箱一样，景观屋顶花园也是一种有效的储蓄雨水的手段。景观屋顶花园适用于新的大型建筑物，如学校或者办公楼，并且在设计建筑时要考虑土壤、水和植物的负重。景观屋顶花园同时也美化了城市，并能够在建筑物密集的城市中提供休闲场所。多伦多在 2010 年通过了一个屋顶花园法规，其中要求所有建筑面积超过 2.1 万平方英尺（约 0.2 万平方米）的建筑都应设有屋顶花园，并在法规中设定了施工标准，同时对生物多样性也进行了一定程度的引导。

但是，屋顶花园并不适用于具有斜坡屋顶的建筑物，而且大多数现有的平屋顶建筑物并没有专门考虑屋顶景观的负重。如果每个建筑物的雨水都蓄留在水桶、水箱或被屋顶花园所吸收，那么雨洪的主要来源将被控制，并且将更易于管理。

## 塑造生态街道

街道是另一个快速雨水径流的主要来源，它会导致侵蚀并阻止含水层的补充。一般而言，道路设计使得雨水或融化的雪水从道路中心流向两边的沟槽。在暴雨中，道路和高速公路可能会发生"积水成河"的现象，虽然很少会严重到足以阻止交通的程度。在建成区，雨水会流入下水道。因为在中心城市，道路面积在总用地面积中可以占到 25% 或 30%，相当一部分的雨水会直接迅速地进入雨水系统。在郊区街道上的雨水也可能会流入排水沟，或者也可能滞留在沿着道路的洼地。主要高速公路通常会设有滞留池来储存雨水径流。减缓暴风雨径流的一个好办法是使用渗水路面铺装材料来保证水能够通过街道渗透到地下。一些铺地砖会在相互之间形成空隙，也有一些铺地砖本身就具有排水孔，这些铺地砖会在汽车和卡车的重压下断裂；而且如果路面上有雪的话，清雪车的犁刃容易勾住铺砖并将它们挖出来。光滑、单一的铺路材料可以让水通过，也可以承受一些交通负荷。一些小街道可以用可渗透的材料重新铺设，放在碎石的路基上，从而能够在一定时间内蓄留水分，让水分逐渐渗入土壤。之前的街道铺设项目已经在几个城市实施，其中包括费城绿色计划中的一部分、芝加哥"城市绿色设计计划"中的一部分，以及有着悠久绿色政策历史的西雅图。

许多较小的城市街道都可以采用这种方式进行重新铺设，这样的整体效果是可以大大减少对雨水系统的负荷。因此，以后每当街道需要重新进行铺设时，就可以安排使用渗水路面作为铺装材料。此外，旧住宅区的后车道也可以帮助控制径流。在温哥华，一个被人们称为"乡村小巷"的项目避免了道路的全面铺装，从而可以通过渗水路面铺装和增加植被来保持和吸收雨水（图 2-34）。

当道路足够宽时，一个管理雨水的可替代方法就是使水从铺设的路面流入种植池，比如俄勒冈州波特兰市的街道就是如此，如图 2-35 所示。种植池是地下深挖的

图 2-34 温哥华决定通过一个名为"乡村小巷"的计划，使后巷对步行者来说更有吸引力，更具有环保敏感性。这个成熟的案例强调渗透性和景观。这主要是一个应居民要求或者当车道进行正常资本支出时尽可能地减少不透水铺装的过程

图 2-35 像俄勒冈州波特兰这样的绿色街道，使用各类种植床来保留水分

图 2-36 在俄勒冈州波特兰的科学与工业博物馆内的生物墙停车场，雨水被种植床保留和过滤

沟渠，以便水直接渗入土地直到进入地下含水层。与沟渠相比，树木和各种植物不仅能帮助净化水，而且对于行人来说也更有吸引力和更为安全。植被基层需要根据需求设计成适合的尺寸以及空间。街道和人行道之间的最小距离是 5 英尺（1.5 米）。当距离为这个宽度时，在人行道上使用渗水铺装是有一定作用的；即使街道不是渗水铺装，停车道的铺路也可以具有渗水性。

虽然停车场的大量地面一般为不透水铺装，但是也可以在停车位间的每个过道上安装种植池，从而使水能够流入种植层进行过滤后渗入地下（图 2-36）。在多雪地区，业主可能更喜欢在铺装周围种植植物，虽然这样可以更有效地料理植物，但是也因此需要在考虑种植面积的前提下预留足够的空间作为停车过道。大多数的开发规章要求将一定比例的土地留作开放空间。如果植物也算作开放空间的话，那么业主通常就不会需要更多的土地来停放必要数量的汽车。

最后，一般而言，沿主要道路建造的大型排水沟可以被重建为湿地。因为植物

不仅比沟渠更有吸引力，而且对人和动物的危害更小。

同样，这些单独的措施本身对流域没有太大影响，但是如果所有街道都是可渗透的或绿色环保的，所有停车场的排水系统都被设计成可将雨水排入花坛，并且湿地被建造用以管理较大区域的排水，那么流域也会重新回归到原始状态，从而具有更多的功能。在洪水经常发生的地方，高尔夫球场和公园可以为了洪水进行特殊的设计，从而将水从建成区转移。将环境发展法规和雨水径流的精明设计相结合可以在预防城市和郊区洪水方面发挥巨大作用。

## 挑战 3：创造城市与环境和谐相处的标准模式

没有任何一种措施可以解决我们的城市、郊区和内陆中所存在的环境矛盾，如果要解决这些矛盾的话需要一套全面的行动方案，并且与土地利用和发展改革协调一致。目前尚未有任何一个城市实现这样的整体战略，甚至没有一个城市可以说是中等可持续的。其中的一个原因是，我们每年只增加大约 1% 的城市地区，因此现有的条件压倒性地决定了土地功能。绩效评级制度开始阐明未来建筑建设的方向，并且一些城市正在为公共财产和服务制定绿色规章议程。但是，尽管如此，我们距离全面改革和改造还有很长的路要走。然而，真正的突破正开始在市区或社区的尺度方面显现出来。一些地区开始在整个市区的设计中运用本章所描述的一些生态设计方法。关于该方法有三个案例，分别在欧洲、中东和北美。

### 斯德哥尔摩：哈默比塞奥斯塔

斯德哥尔摩的哈默比塞奥斯塔（Hammarby Sjöstad）是一个旧港口工业区，原来是一个被污染的城市棕地，现在已经通过使用目前可行的最佳技术进行可持续能源、雨水和污水处理以及固体废物处理，从而得到清理并重新开发。与 20 世纪 90 年代瑞典城市的传统发展相比，建设该社区的目的是将此地消极的环境影响减少一半。该计划（图 2-37）最初是作为斯德哥尔摩申办 2004 年夏季奥运会的一部分而制定的，但那届奥运会最终选择在雅典举行。该项目完成后，项目所在地区将有 1.15 万个住宅，共计约 2.6 万人，另外预计将有 1 万人在此地工作。

该区现在拥有自己的供热和污水处理厂。其中，热装置需要的供电部分由哈默比塞奥斯塔收集的可燃废物产生，部分由沼气产生。而沼气的一部分由该区的污水处理厂生产，另一部分由处理过的废水转化而来。这种废水含有来自洗碗机和洗衣机以及淋浴、水槽和浴缸的热水。一些建筑还配有太阳能电池板。

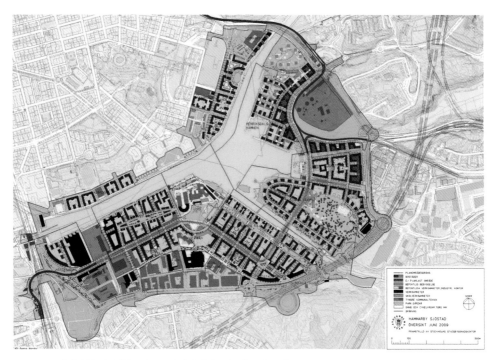

图 2-37　斯德哥尔摩的新区哈默比塞奥斯塔规划，该规划取代了旧工业区和港口区，旨在展示可持续设计技术

图 2-38　哈默比塞奥斯塔的运河沿岸，景观设施也是雨水管理系统的一部分

　　通过使用高效的厕所和混合空气水龙头，能有效减少耗水量。来自街道的雨水会进入一个单独的管道系统，在那里引流至容纳罐和沉淀池，并在水流入大海之前对其进行净化。雨水从庭院和屋顶进入运河系统（图 2-38），在流入大海之前对其进

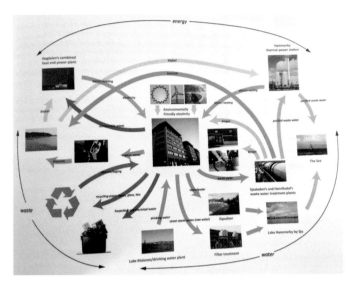

图 2-39  哈默比塞奥斯塔的能源、发电和废物管理系统示意

行过滤。

公寓楼配备斜槽，将废物原料排入自动化的废物处理系统。可燃性垃圾进入发电厂，而有机废物则会转化为化肥。在整个社区还设有回收室。因此，虽然看起来这是一个让人愉快并且普通的社区，但实际上是一个先进的标准社区模式（图 2-39）。

## 阿布扎比：马斯达城

马斯达城（Masdar city）新区是由福斯特建筑师事务所（Foster+Partners）设计的一个规划开发区，位于阿布扎比大都市区，毗邻已经指定设计为国家新首都的大面积区域。太阳能是马斯达城设计的重要组成部分，马斯达城旨在成为一个零碳、零废物的社区。沿着建筑物墙壁设置太阳能收集器，可以为城市挡风，而建筑物屋顶上和地面上的太阳能收集器则完全用于收集太阳能。城内还建有一个风力发电厂为项目提供能源。此外，太阳能还为该地区供水的脱盐装置供电。阿拉伯湾所在区位有着十分充足的阳光，但是为了保持太阳能电池板的清洁，需要进行持续的维护，以防止灰尘和沙子的累积。

该设计旨在借鉴该地区传统建筑的经验：在狭窄的街道上，建筑物紧密相连以提供户外遮阳和住所；风塔捕获和抽取冷却气流；窗户用百叶窗来遮阴。新区预计将占地 1500 英亩（607 公顷），完成后将容纳 4.5 万人，并将提供约 6 万个工作岗位。第一阶段将建设一个大学校园，作为可持续发展研究的中心和开发公司的总部。目前第一组公寓已经完工，校园内会配备最新的智能技术，来监控和节省能源和资源的使用。淋浴在设定的时间间隔后会自动关闭，且空调预设为 24℃，灯光由传感器控制。

　　内燃机汽车一旦到达区域边界就必须立即进车库。在某种程度上，汽车的普及与实现碳中和的愿望相矛盾，因为该地区的工人将乘坐汽车从阿布扎比大都市区赶来。还有人批评说，工人人口与居民人口的比例明显失衡，这使得通勤对于许多工人来说是不可避免的。将来会有一个过境的快速交通线路连接到阿布扎比地区的主要目的地，这将减少乘车通勤。

　　在马斯达城，最初的计划要求设计一个电力驱动的个人出行系统，有时称为水平电梯，人们可以在一个位置进入类似电梯轿厢的空间，通过建筑物底层和开放空间下面的网络，规划到另一个地方的行程。现在街道上运行着各种电动车辆，因此这个概念已经被放弃了。马斯达城要想成为实现可持续发展研究的中心，其设计和技术有望随着城市的发展而进步。

## 温哥华：东南福斯湾

　　东南福斯湾（Southeast False Creek）是一个新的社区，位于温哥华城市中心南部的一个旧工业区以及城市主要河流南岸，其总体规划（图 2-40）于 2004 年完成。2010 年地块的中部地区被建设成为冬季奥运会的运动员村（图 2-41），并在会后转变为公寓（图 2-42）。规划的其余部分也将陆续建设完成。奥运村部分的规划已经获得

图 2-40　温哥华东南福斯湾的 2004 年总体规划。2010 年冬季奥运会的运动员村是该计划的核心部分

图 2-41 在 2010 年冬季奥运会期间，温哥华东南福斯湾运动员村的视图

图 2-42 温哥华东南福斯湾附近的近照，与之前的奥运村相比，现在已经转变为混合功能发展

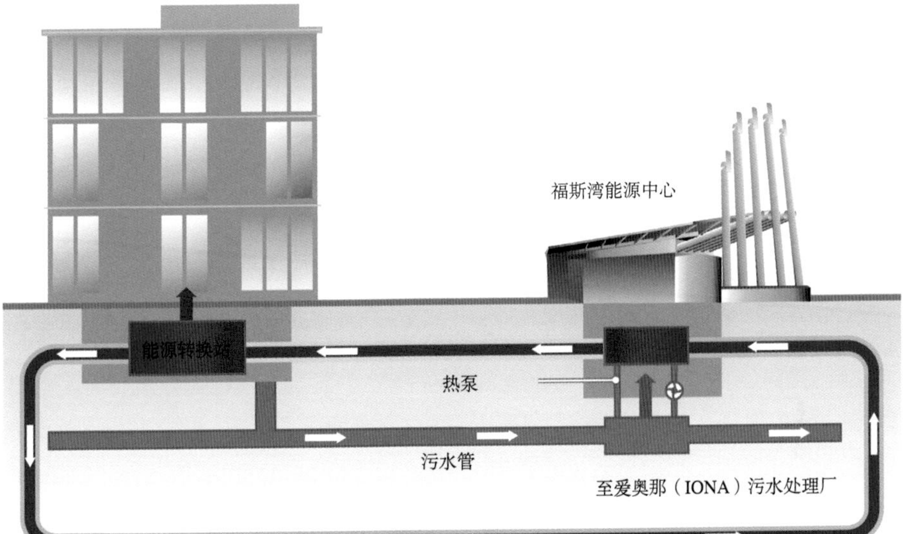

图 2-43 能源系统在温哥华东南福斯湾的运作。来自下水道系统的热量，包括来自管道和电器的温水，均被回收利用，以加热建筑物

能源和环境设计（LEED）社区发展铂金评级，而且应该是最高的 LEED 评级。取得该评级的一个原因是公用社区能源工厂，该工厂使用从城市污水泵站收集的废热向东南福斯湾社区所有的新建筑提供空间供热和热水。在温哥华住宅建筑中很少需要夏季空调，所以工厂只是用于供暖。政府表示这个过程消除了超过 60% 的污染排放，将通过传统方法为建筑内部增温。其系统工作原理如图 2-43 所示。

该项目也采用了 LEED 方法以减少单个建筑物消耗的总体能源和资源，包括收集雨水冲洗厕所、使用节能外部材料以及提供防雨屏障以保护外墙。项目还满足其他方面的 LEED 要求:街道较窄,两旁都是中高层建筑,光线和阳光可以照射到地面;雨水被引导至相邻地区公园内的人工溪流,在进入福斯湾社区之前净化径流水质;废物进行回收利用;地块分配给居民花园;屋顶进行绿化。住房与当地的购物及公共和服务设施的标准之间存在着谨慎的平衡关系。

以上案例中三个新区依靠运用当代技术措施而运转良好,表明运用现代技术和典型的经济模式,城市的大部分地区都可以实现可持续发展。因为创新在本质上替代了更多的传统组成部分,它们不会明显地改变可负担性或资金可行性(尽管东南福斯湾也有对低收入和经济适用房的明确要求,哈默比湖城也有住房补贴)。新区建设还表明,通过对公共和私人责任的认真管理,可持续性的所有方面开始结合起来。在第 3 章中,我们将讨论如何将生态设计提升到城市、区域,甚至是国家的层面,以及如何来解决我们城市的新开发的 1% 的地区和剩余的 99% 的已建成地区的改造。

虽然我们在本章中讨论的综合措施保证了可持续性的巨大改善,但是一个重大的问题仍然存在,就是世界各国是否能够创造必要的国家和国际规划或计划来避免气候变化的严重影响。

# 第3章　平衡汽车和其他交通运输方式

世界正在变得越来越四通八达。人们的出行正从在社区或城市内部进行的本地旅行转变为国内或是国际旅行。现代技术解放了发达国家的大多数人，他们可以随意选择出行方式、出行时间、出行频率以及出行距离等。这种变化已经成为现代生活最大的特征之一。它为社会、文化和经济发展提供了巨大的机会，也改变了人与人之间的关系，以及我们的生活、工作和游览经历。

交通和运输的巨大发展及其所带来的种种益处都是由化石燃料驱动的，甚至依靠电力运行的火车和公交亦如此，因为世界上大部分的电能是由化石燃料产生的。我们发现出行自由普遍导致了两种后果。一是大大地加强了化石燃料造成的污染，从而导致了我们现在面临的全球性气候危机；二是引起了似乎永无止境的城市蔓延，打破了过去决定人类体验尺度以及在历史古迹中崇拜欣赏的建筑和空间的亲密格局，并引发了全球化进程，在各个层面上重塑了人类文化。在现代交通工具普及之前，这些后果是不被人们所认识到的。

在塑造现代世界的所有交通运输工具的发明中，无论是使用还是后果，最普及也是最私人化的是私人汽车。由于汽车的存在，人们的日常生活完全改变了，而且对大多数人来说，生活也得到了显著的改善。目前在可替代交通方案较少的城市，特别是在由小汽车交通形成的新郊区，没有小汽车可能是一个严重的问题。小汽车深深扎根在我们的生活里，深深影响着我们的文化和心灵，但也造成了一些严重的问题：其数量的不断扩大需要越来越多的空间来为道路、停车场等用途服务，粗暴地用推土机清理出来的高速公路和大面积的停车场破坏了自然系统的稳定性；交通噪声对人们的健康也是一种危害；汽车尾气污染危害了人类健康和气候；每年有数千人在汽车事故中死亡或严重受伤。我们对汽车所需的空间和容纳的数量都必须进行管理，以便在其非凡效用与城市和郊区所需的所有其他活动之间找到平衡。

那些关心平衡交通运输方式的人有时被指控为想要人们放弃汽车作为交通工具，这种指责是不公平的，这不是我们的立场。世界上的汽车和卡车数量将持续增加，即使在发达国家也是如此，但现在过度依赖汽车的地区应该有更广泛的有吸引力的出行方式，尤其是在更完善的交通网络中选择更广泛的公交方式。此外，在这些地区还应该通过将日常起点和目的地靠近在一起或集成来缩短日常出行的频率和距离。如果能做到这些，那么汽车和卡车数量的增长预计将远小于其他地方。在本章中，我们讨论了如何将强度更高的开发活动吸引到交通换乘站周围，从而使过境交通系统成为重塑城市增长模式的一种方式。与常规的公共汽车服务相比，快速公交系统（BRT）是一个重要的改进，它是一种比轨道交通更经济的替代方案，并且可以沿着郊区商业经济走廊建设。在靠近过境交通的紧凑型中心和社区中，可以通过步行或骑自行车进行更多的日常出行来改变街道设计，从而使人们步行和骑车更安全，并可以减少交通事故。所有这些变化都能使城市和郊区更可持续，同时也改善了人们的日常生活。在几百英里之内的城际区域范围内，扩大铁路服务可以减少短途飞行的次数，再将部分汽车撤出高速公路，因为在轨道交通中"从门到门"的行程用时要少于在机场或高速公路来回奔波所需的时间。因此，火车和过境交通不仅有巨大的潜力，还能够减少对自然环境的压力，从而使日常生活更加愉快。由于其可以依靠公共投资，因此也就不需要在高速公路和机场上支付更多的工程费用。因此，一个更加平衡的交通系统应充分利用火车和过境交通。此外，当城市的各类活动规划的距离较近时，步行和自行车甚至可以取代汽车和过境交通。

交通平衡是基本的生态设计原则，对于处理现代城市和郊区的环境和宜居性问题来说是至关重要的。技术改进将继续减少由不同类型交通方式所造成的污染，但是最能减少污染的方式应该是更紧凑的城市和邻里社区，创造在公交、自行车和步行之间互相组合的交通方式，以及复兴铁路交通，用快速而便捷的交通将人们带到区域中心。

在第 4 章中，我们会讨论如何创建紧凑和对步行友好的居住工作环境。在第 5 章中，我们将讨论一个更适宜的地区开发等级，其中，汽车的作用、汽车专用空间管理与其他种类的交通方式和土地使用方式相互联系。

## 小汽车被普遍接受

石油供应曾一度表现出似乎已经达到顶峰并开始下降，这样就可以解决许多城市设计和开发问题。随着石油供应的不断减少推高了汽油成本，人们开始降低开车出行的频率，越来越多的人会想住在更靠近市中心的地方，支持填充式发展并减少城市边缘的开发活动；乘坐公交出行的乘客将增加，新的公共交通线也将应运而生。因此，通过城市化减少土地开发和碳排放来缓和未来气候变化是可取的，也是必要的。然而，由于价格较低，越来越多的人使用石油和天然气的方式，尽管这些新的开采手段可能伴随着环境成本的增加。在世界各地，只要人们足够富足，私人小汽车出行是他们选择的首要"奢侈品"。他们会将很高比例的收入用以维持这份"奢侈"，并会忽略对环境污染和城市拥挤的影响。如果小汽车如此受欢迎，那么有哪个政府能停止建设新的道路和高速公路呢？

寻找减少小汽车使用的方法本来就已经十分困难，其数量不断增加的趋势又让这个过程的难度不断加大。美国的人口近 3.2 亿，其中仅汽车和卡车数量就大约有 2.5 亿辆。其车辆数量与人口数量的比值为 0.78，这一比率接近每人都拥有一辆车，包括所有的儿童、所有选择不买车的人以及负担不起私家车的人。加拿大的比率则明显较小，人均车辆拥有数量为 0.62，接近世界其他地区的数据。澳大利亚的人均车辆拥有数量为 0.65；日本为 0.59；而欧盟则为 0.55。全世界的汽车和卡车总数约为 10 亿辆，再加上 4 亿辆摩托车，而目前世界人口数量却只有 70 多亿。到 2030 年，全球人口数量预测会达到 83 亿，并且预计会有 17 亿辆汽车、卡车以及 9 亿辆摩托车[1]，预测车辆数量增长最大的地区将分布在中东、巴西、印度和中国，这些地区均使用常规汽油或柴油发动机，所以这些地区的排放问题很可能是一个需要长期努力去解决的问题。

即使在运输系统比较均衡的情况下，私人小汽车数量预计也会持续增长，尽管比其他运输系统不均衡地区的数字会低一些。例如，欧盟的大多数国家都有多样化的交通系统，允许城市地区的人们通过火车、轨道交通、公共汽车或其他多种方式到达目的地。通常，公共汽车站或火车站之间仅需较短的步行路程，并且服务频繁，换乘便利。有时，部分旅程可以换乘自行车，荷兰和丹麦等国家的火车在设计之初就允许乘客带自行车乘车。虽然欧盟的总人口预计到 2030 年将只增长 5%，但车辆拥有量预计将增长 31%，其中，重型车辆增长预计达到 17%。这种增长将使欧盟的人均汽车拥有量从 0.55 增加到 0.67。加拿大的预测显示，车辆数量与人口的比率在 2030 年将达到目前美国水平的 0.78。预计到 2030 年美国的比率将达到 0.84，人口数量也预计将达到 3.68 亿。

欧盟包括了处于各种不同发展阶段的国家。荷兰和丹麦的汽车保有量是否会增长？这些车辆能否拥有优秀以及平衡的交通系统，包括高水平的自行车使用？现在，这些问题的答案似乎是肯定的，虽然与波兰、匈牙利或者捷克共和国预测的速率不同。如果按照目前的趋势继续发展下去，丹麦的车辆数量将从 2002 年的 230 万辆增加到 2030 年的 390 万辆，而人口数量则只从 560 万增加到了 590 万。在荷兰，车辆数量预计将从同期的 770 万增加到 1020 万，而人口则从 1680 万增加到估计的 1730 万。[2]

抑制排放的需要也可能并不需要限制汽车的使用。汽车技术正在迅速转向使用替代能源的方式，包括使用由太阳能充电的电动汽车或使用氢燃料电池的汽车。甚至有可能通过使用计算机控制的驾驶模式来减少高速公路上的拥挤，该驾驶模式能够以更高的速度安全地管理更多的汽车，有些人称之为"无人汽车驾驶"。很可能在我们将化石燃料资源用尽之前，我们将重新"发明"汽车。这是能够减少汽车对环境污染的好消息，但我们仍然需要解决交通和停车对城市人性化空间形态所造成的问题，并且控制由汽车导致的城市和郊区的不可持续扩张及其对自然环境的不稳定影响。

要想让大多数人使用汽车出行的现状发生变化需要使用其他交通工具，并像开车一样吸引人。大多数人不会放弃他们的汽车，但驾车可以作为一个有吸引力的、在未来城市和郊区出行的一个选择项，步行则可以作为经常性短途出行的、更快和更便利的出行方式。

## 有效的交通系统确实可以减少小汽车的使用

运输系统是否平衡确实会对汽车的使用数量产生影响。到 2030 年，如果预测是正确的话，荷兰的人均汽车拥有数量比率将是 0.58；而在美国，将为 0.84。即使是一些人口密集的国家，如荷兰和丹麦，也会有一些缺少有效当地交通方式的农村地区，还会有一些地方是没有货运铁路线服务的，而在那里，卡车将是最灵活的运输货物的方式。

人们可以很轻松地就拥有一辆汽车，但是这并不代表一定就会有长距离的汽车行驶里程。这是真正的问题所在，并且更难以预估。汽车的所有者可以在每周的大部分时间里使用公共交通工具，只在周末驾驶自己的汽车进行长途旅行。公共交通也是一种鼓励步行和利用共享计划扩展自行车使用的方式。行人可以自由上下火车，骑自行车的人也可以随时随地归还一辆自行车去换乘公共交通工具，然后再借用另一辆自行车。而且，行人在乘坐公共交通工具时也允许携带自行车。

有效的公共交通换乘是许多地区交通系统的缺失环节。传统的公共汽车和有轨电车与其他交通工具共享道路权，这对于短距离出行来说是可以满足行人需求的，但是对于长距离出行来说就会经常出现速度太慢或频率太低的问题，因此不能满足高效交通换乘的需要。

一些大城市，诸如巴黎、东京、莫斯科和墨西哥城等都已经有成熟的地铁系统，这些系统的基础建设投资虽然十分巨大，但是可以使人们通过换乘的方式到达城市不同区域的不同目的地，因而被较多地使用。东京的综合地铁系统能让乘客去往大都市区内的大部分地方。墨西哥城的轨道交通也较为灵活，旅行成本（目前为5 比索）使其成为一种比较公平划算的出行方式。纽约的地铁系统覆盖面广，使用率高，但大都会地区被东河和哈德逊河分开，限制了交叉连接的机会。蒙特利尔也有综合性的公共交通系统，连接许多区域，是北美第三大使用最频繁的系统，仅次于纽约和墨西哥城。中国政府也计划在大城市建设覆盖面广的地铁系统。以南京为例，地铁系统建设从南北线和东西线开始，计划在 2050 年竣工，竣工后将覆盖大部分市区。

美国和加拿大的轨道交通系统通常仅限于放射状走廊，在传统的商业中心汇聚着各条线。批评公交换乘系统的人士指出，在一个现代化的大都市地区，现在有许多重要的目的地可以通过高速公路到达，这些目的地不在捷运系统服务区域之内。旧金山湾区区域交通系统（BART）是环形放射状的，该系统到旧金山和跨越海湾的奥克兰市中心的距离几乎是相等的。波士顿的系统为中心区域内的目的地提供了一定的灵活性。芝加哥和华盛顿有很好的放射状公共交通系统，同时还允许乘客在市中心换乘改变路线。费城也有一个古老却很实用的轨道和公共交通系统，覆盖了广泛的地区，但它主要集中在中心城市。北美的其他交通系统也是放射状的，服务于中心商业区，但许多到重要目的地的连接不是沿着铁路走廊，而是由当地公共汽车连接。多伦多在这一点上是个例外。

### 多伦多的大移动计划

多伦多是加拿大最大的城市。目前多伦多建成一个四条线放射状的交通系统以及东、西通勤铁路线。目前正在实施的"大移动"计划（The Big Move）将建成一个综合公共交通系统来连接最重要的目的地，该计划始于 2008 年，修订于 2013 年，整个交通系统计划于 2030 年完工。它包括了在当前系统的基础上进行 5.6 英里（约9 千米）的延伸，连接多伦多中心区和机场，以及建设一条长 32.9 英里（约 53 千米）的新轻轨线和 37.3 英里（约 60 千米）的快速公交线。

如图 3-1 中的第四项，与基于人口现状增长和最近发展趋势上进行适度增长的期望相反，大移动计划计划将公交使用人数增加 1 倍以上，而居住在距交通站点可步行范围（定义为 1.2 英里，即 2 千米）内的人数也会翻倍。通过公共交通以及步行或骑自行车的方式进行通勤的比例已经高于北美的标准，预计还会大幅增长。这项统计告诉我们，公共交通需要让步行和一定程度的骑行成为人们通勤方式的一部分。当这项计划完全实现后，因交通产生的温室气体人均年排放量将会减少，这也反映

| | 现状 | 到 2033 年 | |
|---|---|---|---|
| | 我们的区域 | 发展的趋势 | 大移动计划 |
| 年载客量 | 6.3 亿人 | 8 亿人 | 13 亿人 |
| 快速交通路网 | 500 千米 | 525 千米 | 1725 千米 |
| 通过公共交通、步行或骑自行车通勤的人数占比 | 26% | 25.4% | 39% |
| 住在距离快速交通系统 2 千米范围以内的人数比例 | 42% | 47% | 81% |
| 因交通产生的温室气体人均年排放量 | 2.4 吨 | 2.2 吨 | 1.7 吨 |
| 日平均通勤时间 | 82 分钟 | 109 分钟 | 77 分钟 |

图 3-1　交通局为了解释多伦多大移动交通扩张战略而编制的，表中数据显示了将径向运输线转变为综合交通系统可以实现的目标

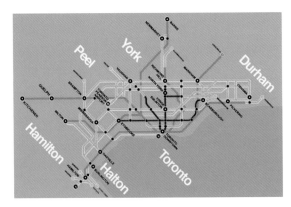

图 3-2　2030 年多伦多市大移动计划完成后完整的地铁系统地图，黄色线是新的轻轨线路和快速公交线路的连接线

出形成连接体系后，火车或者快速公交将替代效率较低、单独的公共汽车。平均通勤时间预计会小幅下降，而不是在趋势模型中增加近一半。

多伦多的计划表明，当工作、购物和娱乐分散在城市各地时，一个现代多中心的城市交通系统是如何高效运行的。图 3-2 中黄色的线是现有的红色和绿色放射状系统的延伸，该系统建设完成后将创造出一个完整并能够提供多种交通方式的系统。有趣的是，这些新出现的线路中大部分是轻轨和快速公交。轻轨是人们较为熟悉的技术，在某些特征上介于火车和路面电车之间。轻轨列车一般都有自己的通行权或专用车道，其停车频率比传统的路面电车要低。美国和加拿大的大部分交通系统是依托于轻轨线，呈放射状。以达拉斯、圣迭戈和俄勒冈的波特兰为例，路面电车是城市中心主导的交通方式。如同轻轨是从老式的路面电车发展而来的一样，快速公交也不同于传统的公交方式，它是一种资本密集度低得多的替代方案，可以提供轨道交通的许多优势，将公共交通置于许多城市和郊区的范围内，而这些城市和郊区无法支撑建设铁路系统的成本。

## 快速公交系统，一个更经济的选择

一般而言，公共汽车的速度都很慢，它们比路上的其他车辆开得慢，而且停站太频繁，还要花很长时间上下乘客。一天中的大部分时间段，乘客都需要花很长时间等待下一班公共汽车，很多人依赖公共汽车是因为别无选择，公共汽车的使用是一个重要的不平等问题，因为乘客们不得不乘坐汽车进行一场通常漫长而缓慢的旅行。快速公交也是一种公共汽车，其速度和数量可以与轻轨交通相媲美，但其投资成本要低得多。有了快速公交系统，依靠公交的人可以有更好的体验，而目前自驾的人发现快速公交是一个很有吸引力的选择。

快速公交系统需要一条专用的公交专用道，不与小汽车共用。车站像轨道交通系统那样建设。在站点上，乘客在一个特殊的平台凭票上车，车票是上车前就在机器上买好的。当公共汽车到达时，由于它比普通的公交车更长，大门也宽一些，因而便于许多人同时上下车。当公共汽车道与其他街道交叉时，一个特殊的科技——被司机或者路上的传感器激活——可以改变红绿灯，给公交车通行的优先权。

快速公交系统始于 20 世纪 70 年代中期巴西的库里蒂巴，由市长杰米·勒纳（Jamie Lerner）指示开始建设。杰米·勒纳市长是一个改革者，他在其他很多诸如再就业、洪灾救助、垃圾和废物利用等领域也颇有建树。这个快速发展的城市显然需要一个公共交通系统，而公共汽车则是唯一能负担得起的交通方式。在街道上或单独路权上建设运输轨道需要坚固的地基支撑，常常需要挖掘街道和搬迁公共设施。列车只能在 1% ~ 2% 的坡度内上下行驶，并且不能持续太长时间，因此轨道路线需要桥梁或隧道来保持系统的相对平坦。地铁系统虽然能够保持平坦，对交通和房地产造成的破坏最小，但是建成一个地铁系统的费用比在地面上建立轨道交通系统要贵出 5 倍左右。在库里蒂巴，一条重要的放射状主干快速公交系统与许多其他的公交走廊相连，构成一个复合的交通系统，并且不需要建设铁路的花费（图 3-3）。随着系统的开发，库里蒂巴推出了一系列改进，其中包括三段铰接式公交车，这样的话就能够实现每位司机配比乘客人数接近轻轨、乘客上车前收费、使用上升平台以及车上多个进出口。当前，受到库里蒂巴的启发，快速公交系统在许多大城市投入使用，而对公交技术的接受还在升温。

如图 3-4 所示，伊斯坦布尔的快速公交干线系统在交通大动脉中拥有自己的通行权以及与传统轨道交通站点类似的车站。曼谷的例子（图 3-5）显示一辆快速公交车辆在一个站点停泊，车门宽大，在站点建设了平台，加快了停泊时乘客上下车的速

图3-3 库里蒂巴快速公交系统一瞥。公交系统在街道和高速路上运转，这是很多地方的快速公交线路的原形。请注意铰接式客车，它与轻轨等交通工具的载客量差不多

图3-4 伊斯坦布尔快速公交系统像传统的火车站一样运转。站台还有在之后加入车道的空间，但是这种转变可能不会改善服务质量，除非需要四车厢或者五车厢列车

图3-5 在曼谷街道上行驶的 BRT 公交车。车上的中央门和升高的平台加快了出口和入口的通行效率。在这种系统中，乘客需要在上车之前购票

图3-6 一张体现大多伦多地区大移动计划组成之一的正在建设中的 BRT 系统的渲染图。停车场采取买票停车的方式，双层巴士在专用的右侧车道上行驶，车站在每个方向都有退让空间，以节省空间和满足右侧车道所需要的宽度

度，并且避免了乘客一次一人地通过狭窄的车门。如图 3-6 所示，透视图展现了多伦多大移动计划中一条快速公交线路目前正沿着多伦多城市边界北部、邻近米德山谷（Valleymeade）密集开发郊区的东 7 号高速路进行建设。

## 利用交通和房地产之间的联系

在第二次世界大战之前发展起来的很多城市都证明了公交与房地产投资之间的联系。这些城市在过去的有轨电车路线上有着较为密集的发展走廊，即使有轨电车已经被公共汽车所取代。在轨道交通运营的地方，车站周围通常会有更为密集的发展。最近一份与公交线路相关的研究表明，在公交车站步行距离内，住宅和商业地产价

值显著增加。[3]

在公交规划中有一条公理：当车站距离人们的住所或想去的目的地只有 10 分钟以内的距离时，人们会愿意使用公共交通。在平均步速为 3 英里 / 小时（约 5 千米 / 小时）的情况下，人们 10 分钟可以走 0.5 英里（约 0.8 千米）。当与车站的距离只有 5 分钟路程时，人们就更愿意使用公共交通了。那么，每隔 1 英里（约 1.6 千米）不止一个公共交通站点，就意味着沿线地区居民或工作者距离车站均不会超过 0.5 英里，在 10 分钟以内的时间均步行可达。这个概念常常将交通廊道比作由沿站点的 10 分钟步行环组成的链条。

一个反对新型公交系统的众人皆知的观点是——没人愿意去坐它们，但是实际上我们很难衡量尚未提供的服务设施的需求，使用已建成公交系统的人数几乎总是超过官方预测。一个生动的例子是温哥华空中捷运系统的加拿大路段，为了迎接 2010 年奥运会，于 2009 年开通。到 2011 年，在车站周围发展得以巩固之前，它几乎达到了 2021 年的客流量目标，预计客流量还将进一步增加。

通过选择途经有发展潜力地区的路线，可以加强以公共交通为导向的发展区的潜力。连接明尼阿波利斯和圣保罗的轻轨线路通过引入一系列出于不同原因建设的站点，来建设尽可能多的以公共交通为导向的发展区。在人口密集的地区（如明尼阿波利斯市中心和圣保罗的郊区），每隔 0.5 英里（约 0.8 千米）就设置一个站点。步行去车站只需要 5 分钟或者更少的时间，我们需要在改善公交系统和创建更多站点之间做出权衡，而后者会延长线路运行时间。通过公共交通来平衡地方交通是一个重要的生态设计原则，其中一个原因是，公交系统鼓励车站周边更加紧凑的土地利用模式。因为人们更愿意选择乘坐公共交通的方式出行，而非自己驾车，但是这种选择习惯需要较长的时间去建立。同时，房地产投资者通常不会做出长期承诺，除非他们看到公交系统建设到位。

## 公交开始平衡小汽车使用

在 20 世纪 60 年代末和 70 年代初，当湾区区域交通系统开始在洛杉矶进行规划实施时，关于是否需要规划来促进洛杉矶市中心外车站周边地区发展存在争论。当时普遍的观点是，在城市社区或郊区围绕站点建立新的发展区是不可行的，但这一观点随着时代的发展开始改变。一份最近的湾区区域交通系统报告显示目前已有 8 个成熟的围绕站点建立的发展区，另外有 7 个批准待建的，还有 7 个发展区的建设存在争议。[4] 湾区区域交通系统官方估算这些发展区的价值总计超过 30 亿美元。从

图 3-7 从湾区快速公交站台看到的加利福尼亚州奥克兰市水果谷（Fruitvale）村车站周边的开发情况

湾区捷运系统的角度来看，站区发展每年预计将有 250 万次新的出行，年收入接近 900 万美元。从地方长远发展的角度来看，在这些车站的发展区将规划建设大约 7000 个住宅单元和 50 万平方英尺（约 4.65 万平方米）的办公用地，消除了在大城市边缘区未建成地区的一些发展压力。如已经建设完成的奥克兰水果谷村（图 3-7）、建在康特拉科斯塔县（Contra Costa County）的普莱森希尔中心（Pleasant Hill Center）和东湾（East Bay）的海沃德（Hayward）市中心。

温哥华第一条空中捷运线路于 1986 年世博会的筹备过程中如期完成了，但是它的发展需要一段时间，潜力才开始显现。这条铁路沿线郊区的一个车站，占地 33 英亩（约 13.4 公顷）的柯林伍德村（Collingwood Village）于 1990 年由康塞特房地产公司（Concert Property）开始修建，但直到 2006 年才完工。如今它包括 2500 套独立产权公寓和出租公寓。如图 3-8 所示，在鸟瞰图的最左边可以看到空中捷运车站。

从 1990 年起，洛杉矶开通了 2 条地铁线、4 条地面轻轨线路和 2 条快速公交线路。其中的黄金线，即连接洛杉矶东部穿过市中心到帕萨迪纳市（Pasadena）的轻轨线路在 2003 年开通。靠近帕萨迪纳市老城中心的德尔玛（Del Mar）站周边区域的开发实际上是在 2001 年开始的，因为预计到该地区会沿着旧的铁路建设新的线路。这个项目包含 347 套公寓和 2 万平方英尺（约 1858 平方米）的零售区，并提供给通勤者和居民 1200 个停车位。在这片区域的圣达菲（Santa Fe）老火车站将被拆除，并作为中央庭院的一部分重建在停车场上（图 3-9）。

在 20 世纪 80 年代中叶，位于俄勒冈的波特兰珍珠区从工业区重新规划为混合用地街区。2001 年，波特兰的路面电车通车，它是从城市中心区到片区的轻轨交通系统，该系统从 1986 年就开始建设。现在波特兰拥有 4 条轻轨线路，并且连接了大

图 3-8  温哥华的空中捷运线是为 1986 年世博会建设的，该线路某站点上的柯林伍德村的高密度发展区由康塞特房地产公司建设完成，占地 33 英亩（约 13.4 公顷），1990 ~ 2006 年建设完成。这个站点在照片的左侧刚好可以看到

图 3-9  该居住区由穆勒（Moule）和波利佐伊迪斯（Polyzoides）设计完成，位于帕萨迪纳重建的圣达菲火车站旁边，德尔玛站现在位于洛杉矶轻轨黄金线上

图 3-10 波特兰的有轨电车是地区轻轨系统在市中心的组成部分，为俄勒冈州波特兰市中心的珍珠区提供活力

都市区的东西两侧，其中一条的延长线通往飞机场。路面电车将珍珠区和轻轨系统结合在一起，如同我们在第 1 章所说的那样，带动了居住区和商业区的发展，促进了从老工业区到新区的转型，并且所有详细的规划和管理由政府完成（图 3-10）。

在夏洛特市（Charlotte），北卡罗来纳的蓝线是一条 2007 年开通的以现有铁路通行权运营的轻轨系统，是自 20 世纪 80 年代以来以不同形式提出的大型区域交通系统的第一部分。这条铁路线穿过一条最初由货运铁路形成的工业走廊，尽管它靠近理想的居住区。在夏洛特中心西南部的新伯恩（New Bern）车站，索森德喷泉（Fountains Southend）公寓大楼因其与车站的联系正在市场上销售。人们可以在大厅里等候，并且通过监视器了解下一班车的运行状态。该车站就在公寓综合体的外面，如图 3-11 所示。

或许是最近最引人注目的、公交导向带来发展潜力的案例是由穿过弗吉尼亚州郊区的泰森角（Tysons Corner）并连接杜勒斯机场的华盛顿地铁系统延伸线创造的。20 世纪 60 年代，在华盛顿环城快道建成后，泰森角开始发展，它位于 7 号和 123 号环城快道的交叉口，也是进入杜勒斯市的高速路入口。泰森角不再是有着便利店和

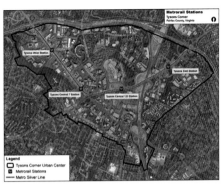

图 3-11　新伯恩站的轻轨蓝线遵循了现有的北卡罗来纳州夏洛特市西南铁路的通行权，开始在一直占主导地位的工业走廊带动住宅发展

图 3-12　在弗吉尼亚州泰森角的航拍照片上叠加展示了 4 个新建的从华盛顿通往杜勒斯机场线的地铁站。这张照片还展示了车辆的过境访问为何需要大量土地用于开发停车场

加油站的乡村级交叉路口，如今它占地 4.25 平方英里（约 11 平方公里），并且可以容纳 1.7 万个居民，及提供 10.5 万份工作。乔尔·加罗（Joel Garreau）在他 1991 年出版的《边缘城市，生活的新边疆》一书中曾热情地指出，泰森角作为一类新型的城市空间可能并不符合城市规划师们的期望，甚至也不会被使用它的人们所喜爱，但是尽管如此，它的确是真真正正存在着的。[5]

　　乔尔·加罗帮助人们理解"边缘城市"作为一种新出现的城市现象正在全北美发生。越来越多的评论观察者已经指出这类新型城市是非常低效的，因为他们完全依赖于车辆的过境访问。目前泰森角将在华盛顿地铁通往杜勒斯机场的银线上设立 4 个中转站。根据近期费尔法克斯县（Fairfax County）为预计新的交通发展准备的泰森角综合规划，泰森角内几乎 1.5 平方英里（约 3.88 平方公里）的土地被停车用地占据，它们中的大多数在同一水平面上。[6] 图 3-12 是规划中现有开发情况的航拍照片，其中包含了 4 个新站点的位置，上面显示了办公园区、购物中心和公寓集群被停车场包围的模式，它们散布在泰森角地区，这是一种熟悉的但比常规模式规模更大的模式。泰森角有更为密集发展的市场需求，但是地区内的道路系统已经太过拥挤而难以支撑这样的发展，公交通道将满足这种发展需求。到 2050 年之前，计划将有 10 万居民入住以及提供 20 万份工作，费尔法克斯县已经批准在新车站的步行范围内进行大幅度开发，该县的街道总体规划（图 3-13）显示了在 4 个地铁站周围建立街道和街区的模式。较小的街区使行人的活动更容易，人们可以直接从人行道进入建筑物，而无须穿过停车场。将地区的交通方式转变为高架线路运输而不是地下线路运输的方式，使得泰森角不能像华盛顿市中心一样实现交通和建筑一体化的发展模式。如果可以的话，从泰森角站步行完全是一种城市体验，这将需要很长的时间，但是短

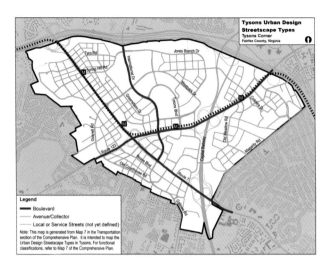

图 3-13 费尔法克斯县泰森角的新街
道路网平面图，创建了传统的城市街区
容纳高密度和适宜步行的新发展方式

距离步行将把过境旅客带到城市目的地。第一批提议的建筑看起来可以开发建设在市中心任何一个地方，但是在泰森角的发展背景下，它们是一个全新的开始。即使全面规划建成后，汽车仍旧将是去往泰森角的主要方式，但是这个交通系统将是平衡的，更多人们会住在这里，并且通过步行或者地铁前往他们的目的地。人们可以坐火车通勤，并且可以不使用车辆就能出去吃午饭或者办事。

## 利用快速公交系统重建郊区廊道

公共交通改变了泰森角的案例启发我们增加公共交通同样也能使一些郊区转型。但是轨道交通对于大多数郊区来说过于昂贵，因此快速公交系统可以起到类似的作用。如图 3-14 所示，为纽约市斯塔滕岛提议建设的快速公交系统的照片，照片显示了专用的公交车道如何与小型商业建筑和停车场相适应，比如在北美城市和郊区到处可见的商业带。虽然图中所示的公共汽车是典型的城市公共汽车，并且透视图中并没有显示任何特殊的登车平台或售票机，但是特殊车辆和快速公交系统的其他组成部分可以很容易地以相同的模式添加。普通的公交路线通常不会产生不动产投资，因为改变路线或者移动公交车站非常容易，但快速公交系统代表了对通行权和车站的慎重承诺。沿郊区商业区发展的大部分是小型零售业。建筑物周围有平面停车场，土地利用效率很低。同样的廊道可以容纳底层商业公寓，还可能有一些小的办公建筑。这种发展模式同样还可以适用于停车库，这将使土地比商业用地得到更高效的利用。

著名的交通专家罗伯特·切尔韦罗（Robert Cervero）和 4 位在伯克利的加利福

图 3-14　纽约市斯塔滕（Staten）岛一个拟议的快速公交专用车道。如果有更长的公交和高架平台，这条线路可能会成为一个真正的快速公交运输系统。这张照片展示了快速公交车道融入典型的郊区商业带的方式

尼亚大学交通研究所工作的同事准备了一个有趣的关于 BRT 改变传统商业带方式的思想实验。[7]他们挑选了一条在加利福尼亚州斯托克顿市（Stockton）正在运行的公交线路，并且仔细观察了其中的一个公交站点。在公交车站 5 分钟内的步行距离范围内，他们发现了一个典型的郊区模式，其中商业建筑被同一水平面的停车场环绕。类似的情况在步行 10 分钟的距离后继续向南发展。沿着街道的产业以非常低的密度发展，甚至可以被认为是变相的土地储备。该研究对沿着廊道的潜在发展进行了模拟，其中包括展示了一条为行人和自行车提供便利并且能够带动沿街公寓以及其底商发展的库里蒂巴式的公交系统。如图所示的建筑类型为一些在许多城市经常沿商业街建造的 4 层和 5 层的公寓，底层为商铺，要完成这样的转变需要一代人的时间，将其视为一种可能性要比在现实中实现它容易得多，但是它的潜力还是存在的。

　　城市和郊区正在开始建设通过商业走廊的快速公交线路，其中一条是克利夫兰市（Cleveland）从市中心沿欧几里得大道向东延伸的健康线，这条大道两侧的发展相对密集，并且连接了市中心和大学圈地区以及以这条线路命名的医院。在西雅图地区，金县（King County）的地铁运输系统引进了 6 条快线。快线在高峰时段每隔 10 分钟一辆，其他时段每隔 15 分钟一辆，一周运行 7 天，车站设置有告知乘客下一辆车到达时间的信息标志牌，并且有照明良好的候车棚以及售票检票机，这样一来，乘客们就可以在公交车中间的门上车，减少了每一站乘客上下车所耗费的时间。上车后，公交车内有舒适的座椅和免费的 wifi。虽然没有专属的公交车道，但是公交车可以使用高载客率的车道，并且在车站增加了额外的车道空间以允许装载的公共汽车可以绕过仍在接送乘客的另一辆公共汽车。此外，公交车司机可以发信号来保持绿灯更长，或者将红灯更快地切换至绿灯，使得公共汽车可以在交通繁忙时保持行驶通畅，这些举措的目的就是让快速公交可以提供与轻轨或者成熟的快速公交系统相媲美的服务。

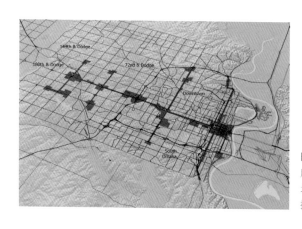

图 3-15 内布拉斯加州奥马哈最重要的商业廊道的地图，一条东西向的主要线略与沿南北商业街的线路相连，可以由快速公交运输提供服务

希望快速公交服务能够刺激道路沿线的房地产投资。举例来说，B 线是从贝尔维市（Bellevue）中心开往雷蒙德市（Redmond）中心，尽管这条线路沿途的大部分已经被密集地开发了，但是新的与交通运输相关的发展已经在欧韦勒克（Overlake）实施了，大约在线路的中间点位置，并且接近雷蒙德站。此外，还建立了区域快速公交系统和土地利用决策伙伴关系来帮助利用 6 条快速公交线路所创造的机会。[8] 许多可以到达的社区的公交服务都有类似的改善。图 3-15 展示了位于内布拉斯加州（Nebraska）奥马哈（Omaha）的最重要的商业走廊。这些商业走廊可以成为未来快速公交系统发展的依托，公交又可以促进商业走廊更密集、更适合步行的发展。走廊沿线居住的人们在汽车出行方面的需要将会减少，并且新的开发可以减少一些增长压力，这些压力导致奥马哈继续吞并和城市化城市边缘的农田。

## 加强交通安全、步行和骑行

目前大多数城市和郊区的街道设计都是为了方便交通，换言之，它们是为了速度而设计的。有一个默认的假设，每年都有一定比例的行人和骑自行车的人将被汽车、卡车和公共汽车撞击，并且还有一定比例的车辆乘客将在撞击中死亡。虽然在发达国家，驾驶的危险性要比在驾驶还是一种相对较新体验的国家要低得多，但是每年仍有许多人死于车祸。在 2010 年，根据世界卫生组织统计，美国有 35490 起与车祸相关的死亡，加拿大有 2296 起，法国 3992 起，日本 6625 起，瑞典 278 起。在美国每 10 万人中死于车祸的人数为 11.4 人，加拿大为 6.8 人，法国 6.4 人，日本 5.2 人，而瑞典为 3 人。[9] 瑞典是所有国家中除圣马力诺等非常小的国家以外每 10 万人中交通死亡人数最少的国家；圣马力诺人口数为 3 万人，且据报道，2010 年没有交通死亡。

瑞典在 1997 年正式通过了一项国家政策，政策中指出任何与交通有关的死亡或者重伤都是不能接受的,并且国家应该致力于实现零交通事故死亡,这项政策叫作 "零死亡愿景"。为了实现零死亡愿景,除了需要安全带和汽车安全气囊,还要有计算机辅助的撞击回避系统。其他重要的实施措施包括降低限速、使用摄像机严格执行限速,以及更改街道和公路的配置。一个主要的街道设计变化就是利用放置撞击障碍物来分隔重要路段上反方向行驶的车辆。还有在当地街道、自行车路径以及人行道设计等许多其他方面的变化。

纽约市长比尔·白思豪(Bill de Blasio)在纽约正式通过了零死亡愿景,但是实施相关减少交通死亡的街道设计是从他的上一任迈克尔·布隆伯格(Michael Bloomberg)市长开始的。自 1990 年以来,增加安全带的使用、安全气囊的要求以及安全教育的努力大大减少了纽约市的交通死亡人数。据城市当局称,在交通部门 2005 年已经实施重大工程改造的地方,交通死亡人数减少了 34%,是其他地方改善率的 2 倍。白思豪的目标是每年实施 50 个类似的街道交叉口或走廊改善。

曼哈顿第一和第二大道已经实施的街道改造为减少交通死亡提供了一个配置范例。这两条大道组成一对单行道。新的道路结构增加了一条专设的公交道路;在路边有一条缓冲的自行车道,在自行车道的外侧停车;非常清楚地标明人行横道,以及保持良好的道路指示。在皇后区一个更为复杂的交叉口,其中一条街道在对角线上,重组减少了交通移动的数量,延迟转向让行人优先,延长和加宽中间分隔带,从而更清晰地定义车道,并且在四面都设置了标记明显的人行横道。在这个地方不会有公共汽车或自行车道。纽约市交通部报告称,这些改进措施已经减少了这个交叉口 63% 的会导致受伤的车祸。

街道照明和交通信号配时也是提高街道安全性的重要手段。加强法律和教育明显也是实现零死亡愿景的另一部分。纽约市 2008 ~ 2012 年的统计分析表明,53%的交通事故是由司机的冒险决定引起的,30% 是由行人的不良举动引起的,而剩下 17% 的事发原因是两者都有。市长发起了一系列加强执法的改进措施,包括设置摄像头和加大教育力度。鉴于人在车辆低速行驶下的车祸明显比高速行驶下的存活率更高,因此市政府已经成功游说纽约州将纽约市的限速从 30 英里 / 小时降低至 25 英里 / 小时(也就是从约 48 千米 / 小时降至约 40 千米 / 小时),但是市议会特别指定为高速街道的除外。

与交通有关的死亡人数一直在下降,这主要是因为安全带、安全气囊和汽车其他工程方面的改进。美国有 30 个州实行了一些不同类别的零死亡愿景目标政策,这些政策在进一步降低死亡率方面是有效的,但是积极的趋势是由于有更好的执法和改进的紧急医疗响应。几乎没有地方承诺要改进基于设计的安全性,但是与交通运输成为设计最优先考虑的事项相比，考虑安全显然更为重要。

基于安全而不是交通活动来设计街道强化了另一个重要的街道设计趋势，这有时也被称为完整的街道。从街区和邻里尺度上，步行是最简单也是最有效的交通方式。如果路线舒适、安全且有趣，人们会步行 5 ～ 10 分钟。骑自行车比步行更快、更有效率——但是骑自行车的人应该有一条安全的单独通道，并且在目的地有适当的存储和更换设施。骑自行车还是很好的运动方式。自行车停车问题可以利用自行车共享系统来减少，这样的话人们可以在一些中间站取走和放回自行车。为了方便步行和骑自行车出行而设计的场所将为可持续发展做出重大贡献。

为了达到这个效果需要完全改变常规的交通工程设计优先考虑项，这意味着将行人的活动作为最重要的考虑因素，其次是自行车、公共交通、建筑服务，以及最后也是最次要的汽车和卡车的交通活动。完整街道的概念还强调道路景观、精心设计的道路铺装、环境无害的雨水管理、合理化标志以及能为人们创造愉悦环境的街道设施和照明。我们在第 5 章会对设计这样的街道进行更多的阐述。

## 平衡长途运输与高速铁路

图 3-16 为美国联邦公路管理局（FHA）绘制的示意图，显示了 2007 年高峰时段交通拥堵的州际公路和其他重要公路。图 3-17 是 FHA 的另一幅地图，预测了 2030 年很有可能发生的拥堵情况。如果没有采取相应措施来减少交通量并且这个预测成为现实的话，那么美国许多城市目的地之间利用汽车和卡车的高速公路交通出行将在每天大部分的时间内出现障碍。人口增长由 2013 年的 3.17 亿增长至 3.68 亿人、出行量增加以及车辆数量增加都是造成交通拥堵的原因。正如本章开始时所指出的，到 2030 年为止，美国公路上的轻型车辆比重可能会增长 21%，而卡车和其他重型车辆会增加 27%。

美国各县的人口预测显示未来美国人口的增长会集中在一系列的多城市地区，这些地区现有的大都市地区正在扩张并与其他地区接壤。图 3-18 为佐治亚理工学院质量增长和区域发展中心制作的地图，其中显示了形成 10 个多城市区域或"大区域"的发展趋势。这张地图或多或少地夸大了城市化的程度，因为它是以县为基础绘制的，这些县往往通过统计测量为城市，但并不是一个县内所有土地都是城市或郊区的一部分。在加利福尼亚州南部和亚利桑那州，城市化被夸大的现象尤为明显，那里的一些县非常大。其他人口统计研究定义的多城市地区边界和数量或多或少也有些不同。但是，毫无疑问的是，多城市地区是存在且不断扩张的，它们会持续成为美国

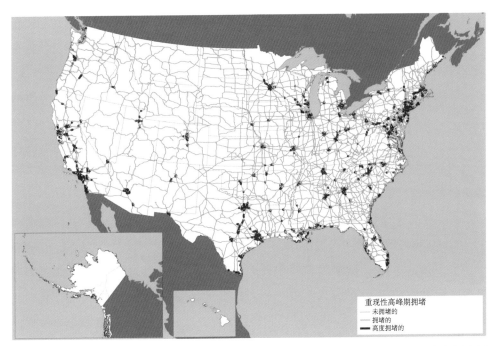

图 3-16　地图上的红色区域显示了 2007 年美国国家高速公路系统高峰时段的拥堵情况。国家高速公路系统包括州际和其他一些共同构成国家重要战略系统的高速公路

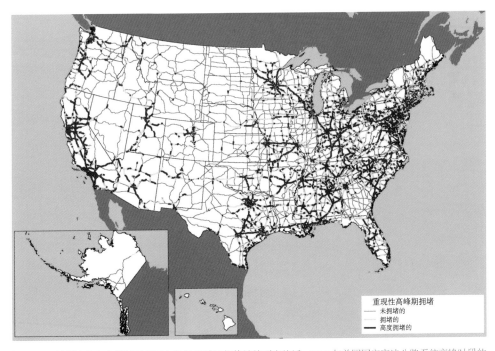

图 3-17　地图上的红色区域显示了如果以目前的趋势继续下去的话，2030 年美国国家高速公路系统高峰时段的拥堵情况。这个预测表明现在的这种交通趋势是不可持续的

很多人口和经济增长集中的地方，并且还是具有大多数额外的汽车和汽车出行的地方。美国联邦高速公路管理部门的未来高速公路拥堵情况地图与佐治亚理工学院的多城市区域地图非常吻合。

美国土木工程师协会在其 2013 年关于国家基础设施状况的报告中给美国公路系统打了一个"D"的评价。[10] 为了保持现有公路的运行，还需要大量的维修却没有资金支持。此外，仅利用道路改造来解决预计的高速公路拥堵情况将会需要进行耗资巨大的公路拓宽、建设双层车道以及其他重大的工程作业，并且它们中的一些还会对周边环境的发展产生负面影响。

大多数其他的发达国家并没有单纯依靠改造高速公路来解决拥堵问题。日本在20 世纪 60 年代开始创建高速铁路城际客运系统往来于城市之间的模式。从 20 世纪80 年代开始，欧洲的国际高速铁路开始成形，目前大部分城市已经或者即将成为该铁路系统网络中的一部分。韩国和中国台湾地区也有高速铁路。中国最近在高速铁路方面进行了大量的投资，高速铁路连接了所有的主要城市，而这些城市通常相距很远。所有这些国家或地区都有现代化的公路系统，但是它们在平衡这些系统。一些长距离的旅程乘汽车或公共汽车效率更高，还有一些旅程坐飞机更有效率，还有一些情况下乘火车出行更合理。

在 2009 年，巴拉克·奥巴马（Barack Obama）总统宣布为美国的高速铁路提供资金，作为 2008 年财政危机后的经济刺激计划的一部分。将奥巴马提出的高速铁路地图（图 3-19）与图 3-18 相对比，我们可以清楚地了解美国未来关于高速铁路的愿景是在多城市地区之间建立联系。没有人提出过从纽约到洛杉矶或者从芝加哥到休斯敦要乘坐高速铁路。即使在一个多城市地区，如果飞行旅程超过 500 英里（约 800千米），人们觉得乘坐飞机会更合理。尽管图 3-19 中没有标注，新英格兰北部高速铁路系统的终点显示为蒙特利尔，太平洋西北高速铁路系统的终点在温哥华。如果预计的系统建成的话，那么未来的加拿大系统将在休伦湖和伊利湖的另一侧，从底特律连接到多伦多，再连接到蒙特利尔和魁北克市都是可以实现的。民众最初对于总统提出的提供建设高速铁路资金的反应并不是很支持，令佛罗里达州的商界领袖感到惊愕和沮丧的是，州长拒绝了联邦拨款。威斯康星州州长也拒绝了这笔钱，因为这笔钱本来可以建设连接芝加哥途经密尔沃基（Milwaukee）到达明尼阿波利斯市的铁路。许多指定用于高速铁路的启动资金随后被重新分配到加利福尼亚，这是目前美国最有可能建造真正的高速铁路的地方。

美国铁路公司的东北廊线是美国目前运营最有效率的传统城际铁路系统，将其升级至高速铁路将会需要"下一代"的改造措施，这意味着会有一条全新的线路利

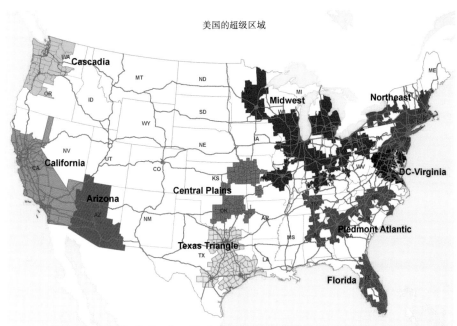

图 3-18　美国联邦高速公路管理部门提供的地图，展示了预计在未来几十年美国大部分人口增长发生所在的县。该分析显示了城市地区正在共同发展形成多城市超级区域。但是，不是所有的县都是城市化的，所以这张地图夸大了一些超级区域的大小，尤其是在县的面积都比较大的西南部

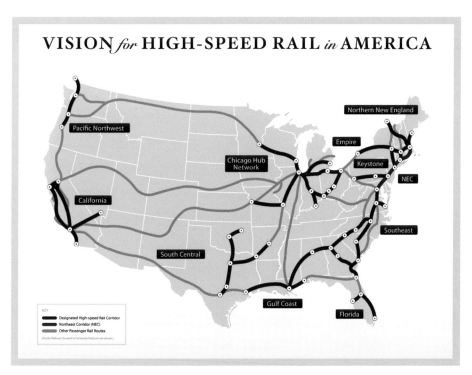

图 3-19　巴拉克·奥巴马总统在 2009 年白宫新闻发布会上提出了未来高速铁路路线的地图。这条路线将如图 3-18 所示的各个超级区域连接起来。当距离超过 500 英里（约 805 千米）时，高速铁路是最高效的

用隧道穿过费城、纽约和波士顿终点站，这在技术上来说是可行的。如果这个方案真的实施的话，将为美国人口最密集的地区提供真正的高速铁路服务。官方表明这一计划最快将在 2040 年完成。

建设高速铁路就是在平衡一个国家的交通系统，除了汽车运输的比重过大外，还有航空运输的比重也很大。美国机场每天进出的航班有很大一部分距离目的地只有几百英里，如果可以替代的话，这种行程可以轻易地用高速铁路完成。联邦航空管理局起草的一份报告预测了 2025 年之前美国机场的运力需求 [11]，以及到 2025 年需要进行重大改进的 14 个机场和 8 个地铁区域，它们都在预计的美国高速铁路网络中。增加机场的容量通常意味着延长或者增加新的跑道，这需要昂贵的土地征用费用，并且经常需要克服权力很大的政治反对派。机场周围的空域容纳的飞机数量总是有限的。将一些短距离飞行乘客转移至高速铁路可以释放现有的运力，增加长距离飞行容量。

在美国，关于花钱改善机场或拓宽公路的政治争论相对较少，尽管最近由于汽油税而导致的公路维修和建设资金短缺。联邦自 1993 年以来就没有增加过汽油税。很显然，这一维修方面的积压需要得到资金支持，以避免更多的高速公路出现倒塌问题，如 2007 年明尼阿波利斯的 35W 号公路大桥倒塌那样的事故。但是筹集修路资金具有很大的政治障碍，而筹措为了避免预计的高速公路拥堵情况发生所需要的资金将会更加困难。一些修建公路的资金可以更有效地用于高速铁路建设，这样的话，避免拥堵的总体成本将会降低。对建筑行业的益处仍然会存在，这应该是一个对公众来说双赢的权衡。现在，这种逻辑不能转化为政治现实。

### 提供城市内高速铁路和机场间的衔接

在城市和机场提供高速铁路的连接，高速铁路车站周围的土地会发生什么，这对于在北美修建高速铁路能否成功至关重要。这些机会与公交换乘站周围的机会重要性是相当的。它们对于商业尤其有用，例如能够在距离大城市总部大楼只有一站距离的成本更少的地方有一个后勤办公室。SPUR（名称来源于这个组织原来的名称——旧金山规划和城市研究协会）督促加利福尼亚不要再犯和湾区区域交通系统开放时同样的错误，当时几乎没有在车站周边发展的计划。SPUR 的报告建议在城市中心每一个高速地铁站都应有一个详细的设计和发展规划。相反地，SPUR 还关注开发不应该被吸引到在加利福尼亚农业中心山谷规划车站旁边的农业地区，并且敦促通过法规限制在那里的新开发。[12]

另一个主要的问题是铁路和机场间的衔接。许多乘坐短途飞机的人都与长途航

图 3-20　欧洲西部的部分城市机场和高速铁路系统共同运行。这张图片展示了在法兰克福机场的高速铁路车站

班有联系。如果高速铁路想要缓解主要机场的拥堵情况，那么就需要它直接通达机场。图 3-20 中为法兰克福机场的高速铁路站台，该机场是国际旅行的主要枢纽。从很多城市乘坐火车都可轻松到达法兰克福，在德国几个重要的城市中心可以买到火车和飞机联程票。在位于巴黎附近的查尔斯·戴高乐机场的高速铁路站也同样可以飞机和火车联程。上海虹桥国际机场是另一个高效的高速铁路与主要机场终点站接驳的案例。如果佛罗里达的高速铁路建成的话，奥兰多、劳德代尔堡（Fort Lauderdale）和迈阿密机场间将会有火车和飞机联程。如果芝加哥和明尼阿波利斯之间的铁路线建成的话，奥黑尔（O'Hare）机场将会设置一个站点，这将对美国中西部的机场运营产生巨大的改变。加利福尼亚的高速铁路计划直接连接到旧金山国际机场和洛杉矶附近的其他两个区域机场，分别是位于城市中心区北部的伯班克机场和城市东部的安大略机场。在第二阶段，铁路线的南部终点站可能会建在圣迭戈机场。

在美国东北走廊，已经有铁路线连接马歇尔巴尔的摩 / 华盛顿国际机场和纽瓦克自由机场。遗憾的是，不是每一列火车都停在这些机场，而且铁路经常性的延误也导致了联程的不确定性。在佛罗里达拒绝建设高速铁路后，私人投资者提议在佛罗里达州境内修建一条常规铁路线，利用现有的路权，连接奥兰多机场和迈阿密市中心，途经西棕榈滩和劳德代尔堡。这项服务类似于目前沿东北走廊运行的列车。美国铁路公司关于东北走廊的长远规划设想的是法兰克福式的运用高速铁路在终点站下穿隧道运行的方式来直接连接费城和纽瓦克自由机场。这种连接会产生真正的铁路 - 航空一体化服务。

尽管目前看来，除了在加利福尼亚州，到 2030 年，高速铁路似乎不会在美国其他地方普及，因此也不会成为缓解城际公路拥堵的一种手段。但是，联邦政府仍在继续为现有客运线路的增量改进提供资金，这将加快铁路运营，并使它们与高速公路旅行和短途飞行相比更具竞争力。在东北走廊，美国铁路公司已经转移了大量乘坐飞机或开车出行的乘客。随着全美范围内的逐步改善，高速铁路旅行与其他出行方式相比会更具竞争性。例如，从圣路易斯到堪萨斯城的常规火车服务的速度与在东北走廊的速度相当，这意味着从任何一站到中央目的地乘坐火车均比乘坐飞机或开车快。加拿大从多伦多—渥太华和渥太华—蒙特利尔的铁路服务也是同样的道理。多城市地区的区域交通系统也有可能使许多车辆离开州际公路，为长途旅行扫清道路。

## 建立消费者对平衡交通的偏好

重新平衡交通来改善城市的组织需要大量的政府投资，我们建议，这些投资可以从原本用于减少公路拥堵的徒劳尝试和建设极具争议的新式大型机场跑道的资金中转移。然而，这一变化的政治可行性和新的交通替代方案的有效性将取决于替代方案是否可以与汽车的吸引力相竞争。竞争的内容包括相对的便利性和成本，但是这些也和行程的设计有关：它的舒适度、安全性、吸引力、难易程度以及对个人形象的贡献。这些替代方案的所有体验需要普遍地对人们具有吸引力，人们应该对交通方式的看法保持相对中立，并且基于行程特点做出选择。如果目的地就在附近的话，那么步行或骑自行车将是自然的选择；如果比较着急或者有残疾或身体虚弱，那么他们就需要开车或者乘出租车出行；对于每天的日常通勤来说，快速公交系统或者快速铁路系统肯定会更合适；如果你要去百货店购物、度假或者要去一个偏僻的地方，自己开车仍会是首选。对于在都市区域内几百英里的行程，如果火车每站的停车时间比去机场、过安检、等飞机和登机时间花费少的话，铁路尤其是高速铁路会是一个更好的选择。由于这些自然和自发的选择，将实现高影响和低影响模式之间的转变，从而使环境和市政方面的维护变得切实可行。

# 第 4 章　使城市更加宜居和环境友好

　　美国和加拿大现行的开发条例源于一个多世纪前开始的法律和实践。编写和颁布这些法律的人认为他们的工作是解决具体问题；他们认为了解或管理创建成功城市不需考虑其他因素。这样的结果使得标准和需求一团糟。早期的法规是对工业污染的回应，新的技术引入城市高楼大厦，以及 20 世纪几乎不受管制的城市发展所产生的不洁的卫生环境，这些导致了业主给他们的租客和邻居带来越来越多的问题。后来，快速增长的汽车拥有率引发了另一波规章制度的产生，以适应停车和快速行驶的交通，在必须作出权衡的情况下，这些法规通常会错误地偏向汽车需求。在这一时期，认识到自然环境的重要意义的规章制度明显缺失，主要是因为尚未广泛了解或重视生态造成的影响。

　　从本质上说，这些法律被设想为监督机制，它们试图通过简单化方式调整关键物理变量，从而使城市的复杂性变得有序化。它们成功地预防了一个城市或城镇可能发生的最坏情况，但也同样阻止了最好情况的发生。如果没有某种监管许可或批准，今天几乎什么都不能建造。尽管大多数法规在 20 世纪 60 年代进行了修订，以允许建设更多的高层建筑和为大型房产增加特殊程序，但它们也大幅增加了单独区域的数量，对商业活动的地块规模和类型做了一些不必要的区分。目前大多数开发法规已经严重过时并且和当前的发展脱节，但是它们已经深深地嵌入了财产价值中，管理者在审查和更改这些法规时会犹豫不决，这是可以理解的。

　　客观来说，这些规定以一种它们最初被提出来时所没有预料到的方式扭曲了城市生活的方式和特点。当快速交通所需要的宽阔的街道转弯半径还是地区街道设计的主要内容时，谁曾想过这对步行穿过小区的影响（图 4-1）？当人们还在严格遵守餐厅洗手间的数量限制或不能在天气好的时候提供额外的人行道座位时，谁会想到这会对热闹的街景产生影响？这并不是说交通流通和提供厕所并不重要，而是城市的设计标准不应该通过优化单一的因素来确定。

　　大多数人热衷于欣赏历史城市的非凡多样性，在今天的许多地方都不符合规定，如图 4-2 所示的魁北克地区。事实上，这种多样性明显是不合法的。另一个主要问题是，

图 4-1 由于通常的街道设计标准只考虑交通管理和消防通道，这条可能是美国北部任意一个郊区的街景，已经完全扭曲了居民所喜爱的沿途有人行道和自行车道的林荫街道

图 4-2 如果在今天的城市中提出魁北克市令人喜爱的历史地区复杂性的话将是不合法的

图 4-3 出于管理上的要求，郊区发展的标准模式以几乎不考虑环境的方式进行持续蔓延

尽管传统发展对于环境的不利影响已经被人们所认识，但政府仍不断允许建设城市新区或者郊区（图 4-3）。监管当局似乎也不知道土地价值和发展经济因为监管而发生了什么。当监管行动阻碍发展或提供超额的意外利润时，他们会感到惊讶。规范与城市土地经济的关系需要协调和管理，以促进城市更好的发展或者预防不理想的发展。关于这个问题，我们将在第 6 章进行更详细的阐述。政府不了解其举措的后果并不能推卸政府对造成结果的责任。

图 4-4　荷兰正在一个负责的管理体系中开发新的生活模式。这张照片展示了位于阿姆斯特丹的一个很好范例

也许有人会说，如果法规阻碍了城市理想的发展，那么是时候摆脱它们了，但是管理未来城市或郊区的发展并不是放松管制。法规仍然是管理城市活动之间、定居点和环境之间关系的必要条件。在一个自由并且充满活力的社会，政府需要协调私人发展，以最大限度地提高效益，减少不必要的成本和不良的副作用。虽然我们都在追求自己的个人利益，但是公共利益也是需要考虑的。事实上，可能需要更广泛的监管范围来处理环境和气候变化的影响，还有其他一些当前对公众很重要的新出现的考虑因素。为了增强计划发展的能力，我们需要对法规进行改革，使之能够胜任所需的工作，同时为个人和企业提供最大的灵活性来表达自己并实现自己的目标。目前看来，在必要的管控和良好的发展之间达到平衡是绝对可能的。图 4-4 显示了阿姆斯特丹一个精心规划和管控的环境案例，尽管该环境不正式，但接受多种生活方式。

本章我们将探讨现存法规中的盲点，接着探讨新的法规如何以更好的方式塑造城市和郊区，以满足消费者的需求和期望，以及规范是如何认识自然环境并保持城市发展与之适应的。最终，我们回顾典型的大都市地区的典型区域，从市中心到历史悠久的郊区内环，到第二次世界大战后更新的住宅区，再到目前郊区的社区分区，并以此判断如何改动规范才可以改造这些地方并帮助它们保护自然环境。

## 当今发展规范的三个盲点

北美如今的开发法规有三个重大的盲点。首先是在目前的法规中，土地被看成商品从而划分出各种不同用途，而不是被视作一种有活力并且综合复杂的生态系统。法规图通常只显示没有等高线的土地，并且缺乏特定的土壤和水文条件。法规中允许或需要的内容与景观的实际生存能力之间经常存在严重的不匹配。例如，通常对街道坡度的限制是 5%，这一规定通常会迫使推土机介入以清除所有土地上的树木和植被，土壤则以一种工程替代自然生态运作的方式四处移动，正如图 4-5 所示的科罗拉多州的科罗拉多斯普林斯（Colorado Springs）市的案例中那样。这种激进的重新划分会不可避免地在生态系统的其他地方引发一连串后果。这种对自然系统的盲目性在小范围内是可以容忍的，随着城市化在景观上蔓延，导致山坡和河床被侵蚀以及更为频繁的洪水，这种盲目性越来越成为一个需要重视的问题。由于气候变化引起的潮汐上升、地下水位下降以及日益增长的森林火灾危险，使得当前不可持续的监管要求成为一个更加严峻的问题。

第二个盲点是，在所有地方监管部门的规定中都要求土地的功能和密度应该分开，这是一个与城市中人类自然复杂性相悖的规定，尤其是在现代的发展情况下，这种要求没有意义。例如，法规通常要求将购物场所与按不同房屋种类划分的区域分开。尽管通过规划它们之间的距离是可以适宜步行的，但不借助汽车仍是很难实现的（图 4-6）。在 20 世纪 20 年代，将工业与住宅和一些商业分开是必要的，但由于技术的变化和工业从城市中心分散开来，如今大多数区划法规中不同功能的分离已不再需要。法规通常将建筑按照尺寸和功能分隔，这就使建造一个新型紧凑的、

图 4-5 传统的郊区发展规定不仅允许对自然环境进行彻底剥离和再分类，通常还要求必须如此

图 4-6 正如航拍照片所显示的，这类典型的现代郊区将功能和密度分开，这种分区做法是整个北美的标准做法

图 4-7 在萨斯喀彻温（Saskatchewan）省的里贾纳（Regina），整个分区的地块和住宅面积都是一样的，几乎所有的北美郊区都是如此

适宜步行，且商业办公与两旁城镇房屋公寓适宜地进行结合的街道更加具有难度。我们现在已经清楚地知道一个成功城市的秘诀是，用尽可能多的方式将功能混合并增加密度。

第三个盲点是基于任意类别而不是按照城市功能区分类的区域系统，例如社区、商业中心或者校园。大多数区划有很多不同住宅区，每个都需要特定大小的建筑用地，延续 20 世纪 20 年代被人们所接受但今天不被接受的社会差别，不必要地扩展了城市化，并让许多普通家庭难以负担新建住房。按照住宅类别划分居住建筑使得创建新型的、位于老城区和郊区、有着混合楼房类型，且适宜步行的街区具有难度；但是，这种类似的住宅看起来却好像层出不穷（图 4-7）。

郊区蔓延的大部分诀窍在于划分同样规模的分区和建立狭窄且沿主要道路的商业走廊。

## 在开发规范中的政府关注与消费者需求

目前已经形成的城市法规监管框架和许多具体法规是由公职人员和立法机关设想和颁布的，公民本身很少介入或了解。对于因为监管利益所决定的狭窄而过于简

图 4-8　很多人喜欢新西兰奥克兰街道景观的亲切和多样，但这是对传统的北美城市法规框架的一种挑战

单的城市模式以及随之带来的影响，很少有人提出质疑。城市的复杂性是通过由消费者偏好所驱使的有活力的市场来形成的（图 4-8）。消费者的态度在不断变化，近几十年来，消费者越来越要求城市不仅能够提供健康、安全和效率的基础，还要具备能够提供令人满意的城市体验的特性和特质。

## 体验式视角的需要

在当代世界，对理想体验的需求正在塑造产品和服务的各个方面，这一需求与质量和风格有关，但也与道德、社会和环境责任有关。满足消费者的需求需要城市体验的意义，而非仅关心基本的功能需求。尽管遵守生态设计原则绝对需要专业的知识指导，但是还需要将消费者的需求纳入监管过程中。这需要人们在最初设计阶段和法规的持续管理过程中进行大量持续地参与，不仅是作为参与政治过程的市民，还要作为参与设计过程的消费者，从而塑造符合需要的城市环境和特质。正如市民的喜好和支持受政治体验影响一样，消费者的喜好和支持也会受设计体验影响，并可以向一个积极的方向进行引导。需要一种将设计体验包含在内的、全新的规划和概念化发展的新方式，重点是关注我们每天对城市的感知和参与，以及城市如何影响我们的福祉。正如体验式学习意味着从第一手参与中吸取教训一样，我们也可以称之为体验式计划。无论如何，我们的目标都是尽可能地促进城市提供最好的服务，使之能够传递出对大多数人有意义和难忘的情感、感觉和互动，让所有人都有机会参与其中，并为所有公民提供健康和安全基础。

## 为可持续城市和郊区建立需求

除非被绝大多数的消费者广泛并欣然地接受，否则建造能够与环境相适应、具有提供经济和社会机会且整个系统可持续的城市将只是一个梦想，而目前消费者们准备利用他们的购买力和投票权使其成为现实。在西欧，尤其是在斯堪的纳维亚国家和荷兰，精心设计和可持续发展似乎正成为常态，这不仅是因为政府和开发商的倡议，还因为消费者的强烈支持和对可持续生活方式的接受（图 4-9）。在北美洲，即使在过去几十年里，在城市核心区和较老郊区所做的所有努力都是为了吸引人们回来，但是仅有 5% 的住房市场已经从可持续性较差的替代品中转移出去。北美洲 70% 的居民仍然喜欢以汽车为基础的郊区大地块开发、商业走廊和广泛分布的目的地（图 4-10）。尽管在可持续发展的环境下，人们往往缺乏负担得起的住房，但是更大的因素是很多人有他们自己偏好的郊区生活便利，但是这些便利中的很大一部分还不能在目前提供的可持续替代方案中出现。现有的郊区发展代表着居民对财富、能源和忠诚度的巨大投资，它是为真正想要它的人而存在的，但是正如我们在第 2 章中说的，继续这样的发展以满足人口增长，并将人们引向远离城市中心的地方，是不可持续的。下一代城市建设者的一个重要工作就是尽可能少地开发分散的郊区，通过发掘更紧凑的混合功能中心和适宜步行街区尺度的潜在需求，使人们回到具有

图 4-9　荷兰鹿特丹的可持续生活方式目前在北美洲仍旧占少数

图 4-10　大多数的北美洲人说他们更倾向于这种郊区模式，尽管在未来更多的开发可能不是可持续的。北美洲典型的案例是加利福尼亚州的萨克拉门托（Sacramento）

众多发展机会的城市化地区。更重要的是，吸引人们进行更加紧凑和可持续的开发需要从过去忽视此类发展模式的家庭要素中建立新的需求。那么，城市和郊区该如何建立这样的消费需求？

目前看来有两个非常有潜力的发展方向。第一，我们需要思考如何将消费者对良好日常体验的渴望如安全、隐私、价格合理、大小合适的住宅、良好的学校和宽敞的景观等，与确保环境相容性的城市形式如改善的交通、步行场所、完整的社区、多样性和基本的城市居住密度等结合起来。第二，我们必须找到更好的方式让公共和私营部门合作，因为成功的城市区域需要将公共和私人领域、公共和私人活动以及活力紧密地结合。城市和郊区需要利用公众积极性来为合适的私人投资创造动机，而私人投资可以而且应该成为实现公共计划的基石以达到双方的利益。精心制定的开发法规可以成为向这些方向发展的手段。

为了满足消费者的诉求，我们应该像过去那样重新设计城市的物质空间。多年来，规划行业已经从强调城市的物质形态塑造转向了一个看似更客观和基于政策的方式，例如，用容积率和开放空间率代替更具体的要求，或者用实体城市设计代替建筑物和公共空间。幸运的是，这种做法开始发生改变。当规划师们再一次变得对城市的形态更感兴趣时，当前制定的法规却夺去了他们需要的一些工具。

对于北美洲的消费者而言，增加密度、房屋多样性和交通并不是很普及，主要是因为这些措施在过去没有被充分的实施。从花园式公寓、联排别墅到塔楼，许多现代密集的开发项目都非常乏味和功利，其中部分原因是过度明确的区划，而其他是由于开发商使用的标准建筑模式数量有限。公共交通系统通常只提供较慢的行程和不经常的服务，伴随着拥挤且缺乏私密性和舒适度。它们被视为二等选择，而且显然没有任何风格特点。

如果规划师和开发商利用非常细致和巧妙的城市设计将一种强烈的愉悦体验融入所有密集和混合的使用环境中，会怎么样呢？如果郊区的商业走廊正如我们在第 3 章所说的那样，被重新区划以允许在快速公交系统（BRT）站点旁边进行适宜的步行和混合功能的开发呢？这些地方能够提供一系列比传统的郊区独户住宅更实惠的住房，并且有了适宜的舒适度，它们才能够利用私人住宅和花园的吸引力更成功地进行竞争。如果重新制定开发法规以鼓励在适当的地方实施建筑混合功能，以及通过更可靠的交通实现某些地方更高密度的开发，那么这种替代方案就能够实现。只有优秀的设计、更好的材料运用、安全和私密的措施、更丰富的景观以及其他便利设施都可以纳入法规，才会使这些住宅更自然地具有吸引力。如果这些目标成为城市和郊区调控和发展管理的驱动性议程呢？其实这些可能性并没有多大的阻碍。

　　然而，即使规章制度发生变化或改变，我们仍然肩负着让发展既能可持续又能受人欢迎的艰巨任务，在此更加需要公共和私人领域的合作。仅在公交站步行范围内建造一排排的联排别墅是无法促进发展朝着更可持续模式进行的，但是如果规划师和开发商提出一个强有力的议程来创造理想的公共场所以加强更好的私人发展呢？如果我们能从满足最低限度的功能需求转移到鼓励并且在私人和公共领域内横跨整个城市结构设计会怎样呢？如果无论是在私人领域还是公共领域，我们从满足最低的功能需求转向在整个城市结构中鼓励美观和复杂多样性呢？

　　传统的职责分工是让私营部门在私人土地上建造房屋、办公场所和商业网点。公共部门在公共土地上建造公用设施、社区和娱乐基础设施。有时开发商按照政府标准建造基础设施，然后将其移交给地方政府，但是他们之间很少有充分的合作。有多少次我们看到没有学校甚至公园的住宅区建设，即使它们被包括在最初的计划方案中？有多少次我们看到一个街道景观格局网络在被完全勾勒出之前，一个单独的私人建筑已经在该网络建设？消费者们想要并且需要所有的配套设施而非仅是房屋和街道，还要有人行道、自行车道和沿街景观，同样还要有公园、学校和其他满足具有吸引力生活方式的便利设施。伴随着城市人口密度的不断增加，人们对自身房屋和庭院以外的资源的需求也越来越强烈。如果整个体验不能实现，那么有其他选择的人们就会离开，退化的城市模式和做法是一直都存在的。

　　为了在市场上建立消费者需求，开发法规必须允许和鼓励消费者需要和喜欢的产品，公私合作必须促进这些产品的交付。

## 将开发法规与自然相互联系

　　尽管私营部门已经开发了值得称赞的项目来评价绿色建筑和社区，比如在北美流行的"能源和环境设计领域引领"，或者简称为 LEED。但是，最直接和全面的有关协调经济发展与环境背景之间关系的方法是将生态因素考虑纳入监管框架中。一个自由裁量和交易性的批准框架不仅应该将要保证的基本环境绩效编纂成法规条例，还应该提供补偿的奖励机制。当伊恩·麦克哈格第一次提议用环境因素来引导和限制发展时，他还只能在描图纸上用手绘的覆盖图绘制不同的环境条件。缺乏详细程度的区域信息意味着当地政府只能向前逐步推进。当前，几乎所有地方政府都有地理信息系统（GIS），能够组织必要的关于自然环境的信息作为地图上的不同图层：等高线、水文、基础土壤类型、一年中不同时间的太阳角度以及盛行风模式，还有街道、

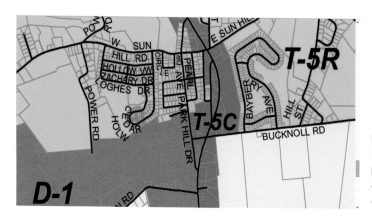

图 4-11　宾夕法尼亚州兰开斯特县佩恩镇官方区划图的一部分，这份合法的地图仅为决策者提供了很有限的信息

图 4-12　该航拍地图作为宾夕法尼亚州兰开斯特县地理信息系统的一部分，清晰地显示了图 4-11 的分区开发和环境这两部分的内容，更多的关于地形和水文条件的信息在 GIS 地图的其他图层中也可以找到，让 GIS 地图成为合法地图能够改进开发决策的方式

建筑物、地块界线和缴税。传统上，开发法规仅根据街道模式和物业界限使用地图进行管理。如图 4-11 所示是位于宾夕法尼亚州兰开斯特（Lancaster）县佩恩镇（Penn Township）的一条常规街道和区划图。如图 4-12 所示，为 GIS 地图中的相同区域，其中展示了部分（并非地图上所有的）信息图层，包括建筑、建筑红线和一张鸟瞰图。地形和水文情况在 GIS 地图的另一个图层中。采用 GIS 地图作为分区基础图，可以使地方政府更容易将有关环境和发展背景的详细信息纳入法规和审批流程。

　　一些地方法规已经认识到诸如陡坡和湿地等地方需要进行额外的控制，但是这些程序仍然是从地方政府自己没有可靠的信息而完全依赖开发商的调查开始的。根据当地的规划规定，开发商在提交开发申请时，必须提交一份土地上的陡坡和湿地地图。然后，可以自行决定这些地理特征的存在应在多大程度上改变开发。基本开发权可能是根据"台球桌"法，由分区区划在不考虑自然生态的情况下预先确定，这使得土地完全平坦、毫无特色。生态信息作为法规的一部分将使地方当局能够在开发之前绘制陡峭的斜坡和湿地覆盖区域，并且根据一系列目标标准限制所有这些区域中的建筑物和道路，这些标准是基于将洪水最小化和防止破坏自然环境平衡制定的。全面建立政策而非针对个别建筑是有重要意义的，因为陡峭的斜坡和湿地往往会连续贯穿一个个单独的物业边界线。

将基于地理信息系统的信息纳入开发法规也为实施莱恩·肯迪格（Lane Kendig）在其 1980 年出版的《绩效分区》一书中提出的政策提供了基础。[1]肯迪格认为最基本的分区应该考虑从未开发的地区，例如湿地，或者需要对现有景观干扰最小化的地方，如陡坡，而不是将土地当作台球桌上层一样确定开发权，之后再将开发从不可建造区域转移到场地的其他部分。根据开发承载力对生态敏感土地进行分区，这将有助于减少新地区城市化的不利后果。这个概念一直被宾夕法尼亚州的巴克斯县（Bucks County）和伊利诺伊州的莱克县（Lake County）所贯彻实行，这两个地方都曾是肯迪格担任过规划主管的地方。其他还有诸如纽约的欧文顿（Irvington）市，但是它需要整体运用地理信息系统的普遍可行性，使其成为公共政策的有效组成部分。

百年一遇和五百年一遇的洪水泛滥地区的法规通常会包含如果业主希望有资格获得洪水保险的话需要做什么，将这些洪水泛滥地区的地图纳入开发法规并根据它们的环境承载力进行区划会让这两套条例互相统一。地理信息系统提供了一种将区划和洪水泛滥地区地图联系在一起的简单方式。沿海洪水和速度区域限制了暴露区域的土地使用，也可纳入当地的地理信息系统地图，随着气候变化，洪流更可能侵占先前可建设的区域，这些问题将成为监管越来越重要的部分。

谁应该对保护土地环境负责呢？由于环境原因受开发保护的房产最后可能会被立契约转让给公共公园系统，它最终可以属于业主协会，或者也可以成为私人用地的一部分。通常开发商最容易将受保护的土地分配给私人地块，从而使其所有者对这块土地的维护负责。密苏里州的韦尔伍德（Welwood）在细分条例中有强烈的环境保护条款，因为当地的土地对侵蚀异常敏感，并且城市所处的地理位置还会受突然来袭的强烈雷暴影响。城市规划部门主动给每一个韦尔伍德的新房产业主发了一封信，这些收到信的业主土地里都有一块受保护区域。这封信清楚地解释了这块地保护的是什么，为什么这种保护是必要的，它有什么特殊的意义以及业主在受保护的土地上可以做和不可以做的事情。这封信还明确地告知了业主们谁来负责解答他们的问题以及如何找到这些人。它要求业主和地方政府建立伙伴关系，以使每个业主和所有公民获利。这是一个需要以强有力的沟通和支持为基础进行生态设计的典型案例。

我们怎样才能最好地将开发与作为自然分区边界的流域联系在一起呢？在第2 章中，我们用位于宾夕法尼亚州兰开斯特县的案例讨论了开发和流域的关系。陡坡、湿地和洪泛平原都是流域的组成部分，同时也是自然环境的框架，并且形成了一系列的限定分区。兰开斯特县的开发往往位于形成流域之间边界的高地上，这意味着单个流域可能是几个不同地方政府管辖区的一部分。流域部分的地图绘制标准从一个管辖区到另一个管辖区应该相同，从而能够实现相对容易地对相邻城镇流域的协调管理。管理流域内土地的一个典型目标就是离开土地并流向下游的雨水量应在开发后尽可能地接近以前的流量。实现这个目标通常需要在景观自然保留特征因开发而改变的地方设立滞洪区。最有效的保留系统需要设计为服务于房地产集群，以便在业主之间分配需求，并符合自然排水系统的边界，而不是物业线。所有这些因素的复杂相互作用显然需要在预先确定的限额内获得自由裁量批准。

　　太阳能利用越来越被视为在不受传统燃料污染的情况下满足未来能源需求的重要途径。长期以来，要求建筑物从红线后退，以保护邻近建筑物的采光和通风，一直是开发法规的传统部分。由于同样的原因，高度限制和一定高度以上的建筑后退也是传统的，尽管有人认为这些规定在今天是不必要的，因为每家都可以用人工照明以及机械空调。然而，太阳能集热器在提供替代能源方面的重要性日益增加，使得建筑高度和建筑物红线退让规范比以前更加重要。场地平面图中的建筑朝向和街道住宅小区的布局同样被视为最大限度地利用太阳能的一种方式。例如，科罗拉多州的博尔德（Boulder）市有一个太阳能利用规范，其中概述了设计所需要的参数，并为区划申请者建立了一个程序，以确定拟建建筑是否满足太阳能需求。地理信息系统技术的可用性现在可以提供数据，以确定特定区域街道和建筑物利用太阳能的最有利安排。

　　随着噪声和振动问题的解决，大型建筑开始采用风力涡轮机。将来，城市可能会为高层建筑绘制区域图，以充分利用盛行风，并且在其他地方，阻碍风道的高层建筑可能不会被允许建设。

　　伊恩·麦克哈格最有名的劝告是利用自然进行设计而不是与自然对抗，这将成为开发规范的基本原则，并且肯定会成为生态设计的基本原则。

## 恢复紧凑的适合步行的开发

　　在 20 世纪早期，市中心包括办公建筑、影剧院、旅馆以及商业和餐饮的街道。这些市中心是当地铁路和交通线的枢纽，并且所有主要道路都通向那里。仓库和工厂距离这些城市中心很近，因为它们都需要依靠铁路发展。在仓库和商业建筑之中有住宅和公寓，尽管这些地方通常并不是令人满意的居住地点。市中心被周围的住宅区环绕，其中有一些是独立的，不幸的是这只在字面上是这样的。其他社区是为中产阶级和工人阶级服务的。其中一些住宅区已经破败至极，住在那里的人们都是迫不得已才居住在那里。车站之间的距离很短，步行、坐短途电车或是乘坐公交车都可以。在规模更大一些的城市中，会有一个独特的金融街区，其中大多数都是办公建筑以及综合写字楼、旅馆和零售混合功能的中心区。

这些中心后来逐渐发展，直到 20 世纪 30 年代的大萧条和之后第二次世界大战的发生，城市建设才中止。但是，城市中心还远远不够完美，它们肮脏、嘈杂并充斥着各种不平等。许多郊区将工厂、雇佣大量员工的企业和低收入居民排除在外。这些城市和郊区区域的特点是紧凑和适宜步行，并且建筑和功能的多样性使它们成为富有活力的地方。

接下来发生的是一个熟悉的故事：城市进行不停地扩张。这个增长过程源于汽车拥有率的普及，以及开始使用货车和火车运输货物的发展趋势。政府对自置居所的补贴使得许多家庭摆脱了城市公寓和狭窄的城市住宅，并在郊区购买了带有前后院的新房。[2] 购物中心一般建在郊区主要的十字路口，因此零售商店可以跟随它们的顾客搬至郊区。郊区居民的增长使得办公建筑从城市中搬出来更加容易，尤其是当越来越多的女性开始工作后。城市就业机会的减少和中心城市居民的减少导致了许多城市居民区的衰败和没落，这也使得人们在最破旧的城区对其居所的选择越来越少。市中心在晚上会停止活动，但是其中很多地方会沦为对社会不满、被剥夺权利和流离失所的人集聚的可怕地方。城市承担了这些骂名，并且这个印象在许多人心里一直留存到现在。我们在北美洲发现的市中心复兴是最近才兴起的现象。

开发法规在促进和巩固 20 世纪早期城市向今天分散化的大都市演变过程中起到的作用并不像它的成长故事那样广为人知。在 20 世纪中叶以前，法规大多数是关于区分用地大类用途的，例如让工厂远离居住区，还有一些是关于城市总体设计的原则，比如通过控制高度和红线退让规范保证居住区的日照和通风。

当开发和建设在 20 世纪 50 年代又一次兴起时，有一个强大的举措使现代化的开发法规符合规划和建筑新思想，并将法规扩大到从前是农村和郊区而今正在快速进行城市化的地方。建筑师和规划师们将摩天大楼看作是现代办公建筑和公寓的特征。在独立的塔楼成为发展法规的正常组成部分时，公共住房和市中心更新区的塔楼和广场已经很好地建立起来，并受到简·雅各布斯（Jane Jacobs）的有力批评。[3] 用容积率替换城市退让红线规范的做法给了设计师们更多的设计自由来使用允许的密度建设塔楼。[4] 对首次建成的建筑设置了绝对限制，以及被规划者视为将建筑规模与交通通道和其他规划考虑因素联系起来的方式还导致了许多地方实质性降低密度的区划。将开放空间率加入法规中是确保新建的塔楼能够互相保持距离的方法。它还提供了一种可量化的衡量标准，这种衡量标准仍然被认为是公众的优势，尽管简·雅各布斯对无用的城市开放空间进行了有力的批评。由于很多新的城市建设只能通过汽车到达，因此增加的停车需求也让建筑间距越来越大。

在这些条例中，将土地用途根据其对其他活动的潜在影响进行详细分类，其中潜在影响最小的是最理想的条件。虽然现在显而易见但在当时不明确的是，条例通过严格的功能分区来实现一类用地功能对另一类用地功能的最小潜在影响，消除了城市功能活动之间的宝贵联系。行业分为轻、中、重三类，并且根据这些进行分区，每条法令可以有多达 10 或 12 个具有不同许可用途、容积率和停车要求的商业区。宾馆和汽车旅馆按照规模分类，在一些商业区可能会允许建设，而在其他商业区不允许。商业区通常不允许建设居住建筑，这是一条对商业区尤其不利的规定，因为全天 24 小时的使用是城市活力和安全的重要组成部分。办公区、酒店、购物中心和诸如竞技场及体育场馆等目的地都被划分到不同的位置，彼此之间没有联系，也不与人们生活的地区产生联系。商业区过去是沿着旧城区和郊区有轨电车路线的狭窄地带设置，其中商店通常占据公寓楼的底层。这样的先例现在已经通过快速发展的郊区沿着公路干线不断延伸，同时每个独立的站点必须满足新的停车要求，一般只留下一部分用地可用于建设仅包含某些商业用途的建筑物，结果就是市区类型的商店只能设置在停车场内（图 4-13）。郊区商业地带中小建筑被停车场包围，这在很大程度上是典型监管要求下的产物。目前已经有太多用地被划分为商业用途，无法为密集的开发提供动力，但是商业分区却通常因为太过狭窄而无法建造中心，并且使用限制也阻碍了住宅的增加。

人们熟悉的典型现代住宅区是有成百上千、大小相同的独户住宅，这也是由法规造成的。一项法规条例可以覆盖多达 8 ~ 10 个居住区，里面大多数为独户住宅。尽管也使用了高度限制和容积率，但关键变量还是地块的大小。在老城区和郊区，不同规模地块上的房屋常常并排出现，往往在隔壁或不远处有小型公寓楼。根据新的规定，不仅是在不同区域有较小临街面或较大临街面的住宅区，而且出于公平和统一管理的考虑，要求每个此类区域都必须绘制地图，以覆盖大量区域。图 4-14 所示为一个典型的郊区区划图，大面积的区域被划分为同一类型的房屋，而住宅依托的狭长商业地带则被划分为仅用于少数零售用途的区域。

图 4-13　位于内华达州拉斯维加斯的建有当地商店的普通带状商业区，在汽车和商店之间没有城市空间

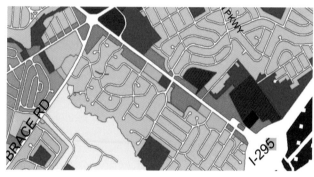

图 4-14　新泽西樱桃山区划图的一部分。其中红色区是商业区，橄榄色区是小型单户住宅区，黄色区是大型单户住宅区，蓝色区是机构分区，棕色区允许建造公寓。所有的社区组成元素都在这里，并且分散在各处。这种模式是常规区划类别和地图的典型模式，它可以解释你在几乎所有地方所看到的

## 反对分散化和法规的刚性

另一个监管盲点是一个基本的假设，就是旧建筑物因为已经过时了所以易于更换，虽然现在这一盲点已经得到部分纠正。法律不会对历史建筑和社区网开一面。在今天，一些建筑物和地区会被指定为历史性地标，但是即使有新的法律来保护它们，潜在的法规仍然可以通过允许更大的建筑物使历史建筑即使废弃也比使用时更具有价值。

出现了一些非常遗憾的拆除，比如对纽约市宾夕法尼亚车站的破坏。人们对古老、时尚的城市街区建筑价值越来越多的赞赏有助于历史保护的开始。许多时尚城市社区的原住民早已搬迁到郊区乡村俱乐部，而他们优雅的老房子则被拆分成公寓和小办公室。然而，这些建筑和地方仍然具有吸引力。一开始，许多老房子的价格会很便宜。所以，这些房子就成了那些常常充满活力、准备自己做许多必要装修改造的年轻人的家园，而不再是由仆人支持的、过着古板正式生活的人们居住的地方（图 4-15）。

图 4-15 华盛顿特区杜邦环城区（Dupont Circle area）的这条街就是一个古老社区的典型案例，吸引了许多人开始寻找传统城市生活的连贯性和位置优势

图 4-16 胡桃（Walnut）街目前是费城最成功的一条零售商业街，因为市中心区域现在由"中心城市商业提升区"来管理

美国历史保护国家信托的主街项目和其他国家的一些类似组织的项目已经找到了恢复邻近商业区和郊区老城区经济活力的方法。在较大的城市，市政府设立了商业提升区，为改善区内的市中心或邻里商业企业增加了一笔小额税，给附加照明、街道清洁和安全巡逻提供资金，并倡导有利于市中心商业发展的相关政策振兴（图 4-16）。

市中心附近的许多旧仓库和阁楼厂房已经失去了租户，人们搬迁至郊区新建的、更高效的建筑物中生活。这些老建筑虽然结构仍旧坚固且建造精良，但是它们被认为是已经过时的，为了市区重建，有时仅仅是为了腾出停车空间就会被拆除。后来，人们开始欣赏那些幸存下来的建筑的优点，而它们廉价的租金又是另一个吸引人的地方，仓库和阁楼区成为另一种形式的历史街区。一个典型的案例就是俄克拉荷马城（Oklahoma）的布里克敦（Bricktown）街区，这里有商店、办公室和住宅（图 4-17）。为了合法地住在这些建筑物中，必须修改开发条例。纽约市领导了这场运动，于 1971 年对工业区划进行了修改，允许艺术家居住在当时被称为铸铁区（现称苏荷区，SoHo，是其所处位置——休斯敦街南部的缩写）的标志性阁楼中。如今，城市阁楼生活如此受到欢迎，以至于开发商已经没有旧建筑可以翻新，而开始建造新阁楼了。

起初，历史街区是不同收入居民共同居住的，但在英国，以及其他英语国家，这一被戏称为"士绅化"的改造过程往往会让低收入的居民或企业付出代价，他们当时是原住民搬迁至郊区时进入这些街区的。提高租金和房屋价格对业主来说并不是坏事，尽管不断上涨的不动产税可能是一个问题，但它们使许多租户负担不起这些地方的费用。然而，吸引新投资的老城区通常是拥有各种各样居民的大型校园和城市服务区的一部分。新来的"士绅"无法过上他们前辈们狭隘而受保护的生活。

图 4-17　俄克拉荷马城的布里克敦街区进行城市更新后的旧仓库区域，目前是由修复后的 19 世纪优美建筑组成的特殊设计街区的组成部分，其中的建筑包括办公室、阁楼、商店和饭店。这片特殊街区相对历史街区而言具有更多的灵活性，但是对于不同开发商的敏感度而言，这既可以是好事又可能是一个问题

图 4-18　位于达拉斯北部遗产小镇中心的新式混合功能郊区中心，它是在一个大型办公园区内的适宜步行的区域

　　旧的时尚街区、历史主要街道、商业提升区以及重新启用的阁楼和仓库区成为城市适宜步行和混合用途街区的实验室。现在，几乎在每个城市中心都能找到它们，开发商们受到鼓舞，在郊区的市中心创建了新的混合用途中心。得克萨斯州达拉斯北部的一个办公园区内的传统城镇中心就是一个例子（图 4-18）。

## 为了紧凑、混合功能的市中心制定法规

　　保护或创建紧凑的、混合功能建筑群和城市地区的法规需要基于几个相互作用的原则，这些原则不仅应该适用于区划法，还应该适用于建筑规范和停车规定，例如赫尔辛基以前的工业海滨若霍拉伊（Ruoholahti）的开发（图 4-19）。法规应该针对所创建场所的整体允许丰富兼容的活动组合，而非只是为了任何一种功能的完整性。它们还应该管理不同功能土地之间的衔接部分，减轻冲突的负面影响，从而促进积极的连接，争取在土地利用矛盾问题上不会重蹈覆辙。在这方面，"睦邻"（neighborliness）的概念是非常重要的。最后，法规还需要促进活动的自然演变，以便有一系列可接受的用途，不需要持续批准。不幸的是，当前法规性质以及由此产生的设计和建筑实践的结果是建造特定高度的建筑，这些建筑不容易转换为其他用途。改变区划相对来说是比较容易的，但是建筑物的大小和形状以及建筑规范中的规定可能会产生更大的问题。即使一个法规是固定不变的，但是许多其他法规也可以阻止或扭曲它，以至于人们对想要做的事情很矛盾。人们习惯于通过某种特殊方

图 4-19 该图拍摄于芬兰赫尔辛基以前的工业海滨在进行密集和混合功能开发后的若霍拉伊街区内部。公寓楼朝向入口，且照片中的前景为散步场所。你可以看到背景中有高科技研究中心，相隔几个街区附件还有购物中心、其他住宅和办公建筑，赫尔辛基音乐学院和其他机构的建筑也在附近

式绕过法规，而不修正所有相关的法规。有一些特殊的项目全程遵守法规进行建设，但是这仍然是个例。建筑的再利用就像一个棘手的结，但我们从不解开也不剪断这个结。我们只是在它周围找到一个解决问题的办法，并且在这个过程中经常会失去城市的自发性，但其实这种自发性才是我们真正想要的。

我们可以从许多城市中曾经作为仓库、百货商店或者手工工厂的历史建筑的再利用中学到很多东西。这些建筑物的结构通常会为了储存、销售或者工业提供全楼层的开放空间，因此它们适合许多不同的活动，如艺术家和工匠的工作室，建筑师、律师或新成立公司的办公室，环境优美的零售商店和餐厅，或者还可以成为高级的多层住宅，与传统公寓相比在生活安排方面具有更多的灵活性。所有这些用途可以在这些旧的大型建筑物之中共存。第一次再利用和混合功能使用是由勇敢的人非法进行的，比如直到纽约市的艺术家占领了 SoHo 区大量的阁楼后，纽约市才开始审视这些艺术家，并认可他们对有价值的历史街区做出的贡献，以及给予他们合法性。与 SoHo 区一样，传统的法规把这些建筑归类为轻工业。为了允许大多数的新用途，这些建筑物功能必须被重新进行区划，比如不仅在纽约市，在波特兰、丹佛和许多

图 4-20　一栋位于俄勒冈州波特兰珍珠区的历史悠久的大型底层建筑被再次利用。这座建筑曾经是一个仓库，现在具备公寓和商店功能

其他城市也是如此。一个很好的例子，在俄勒冈州波特兰的珍珠区改建的仓库，如图 4-20 所示。在一些工业租户依旧存在的地方，仍然需要管理潜在的冲突。

　　成功管理混合功能建筑物或地区需要注意一些细节。一个很好的例子是可以在商店和餐馆上方建造住宅（图 4-21）。噪声和烟雾的问题可能会限制空间的兼容性，这些问题可以通过以下适度的要求予以解决：住宅建设可以在商业空间上方进行退让，包括使用简单的遮阳篷以屏蔽来自商业空间人们进出的噪声。对垃圾处理设施妥善定位，并对厨房进行通风，以控制烟雾和气味。当住宅与办公室相连或者在同一建筑群内有多个住宅和办公室时，还可能出现一些其他的潜在冲突。一个典型的问题是，在一个高雅的商业区的背景下，住宅阳台表现的混乱的家务形象。看着一个装满自行车、烧烤设备和储物箱的阳台，办公室的用户会感到不舒服，因为他们说这会降低他们喜欢的商务氛围。可能的解决方案包括要求不透明的住宅阳台栏杆，要求住宅阳台不面对办公室临街面，或要求使用可以进出的封闭阳台。另一个问题是，当雇员、客户、信使和其他人需要访问混合功能建筑中的办公室时，建筑中居住的居民存在安全问题。一个解决方案是要求设置单独的入口和电梯，但是如果使用适

图 4-21 在温哥华,建筑底层保持在街道红线内。在图中的这个案例中,建筑的上层为公寓,底层为商店。阳台形成了建筑退让,从而减小了饭店和商店对住宅的影响

当的安全系统来控制对每个楼层的访问的话,那么法规还应该允许使用单独大厅和一组电梯。这些仅是许多可能的使用组合和数百个界面关系中的示例。如果我们想利用混合功能建筑的明显优势,比如共享停车场、公共设施以及家庭和工作的紧密联系,那么就必须预见这些问题并为它们制定法规,以及在设计指南中确定解决方案,这比简单粗暴地禁止混合使用更为实际和有效。

实现密度多样性将需要更多地理顺现有的法规。在传统的实践中,一个地区单一密度规格表现于根据开发场地规模不同而大小不同的建筑上。人们可以进行小于规定密度的开发,但是却永远不能高于规定密度。正如在基于横断面准则中提出的那样,均匀密度区与统一使用区一样随意。即使是联排别墅也没有理由像公寓一样占据一个单独的街区,或者一个小办公建筑不应该建在一个大办公建筑旁边。事实上,在高密度的城市环境中,最简单的方法就是根据具体情况改变不同场地的密度、开放景观,为市民提供隐私的距离。

由于密度和土地价值密切地联系在一起,因此在法规中密度变化的一个大问题是确保公平和平等地对待财产持有人。原则上应该允许每个场地的密度适合该场地

内的特定需求及其所处的环境，这意味着应该根据概念性的城市设计规划混合密度区域。这样做可以使建筑的形态满足不断变化的城市设计期望和偏好，这些变化的城市设计期望和偏好转化为法规中的原则，并由行政设计指南进行详细规定。一种实现方法是允许较大场地的密度增加。如果设计规范也可以随不同的场地大小而变化，那么实现更大的密度多样性也是可能的，并且可以将原因和效果有意设计到法规框架中。另一种方法是设定基础密度，然后根据开发商的表现允许密度增加到该基础之上，这自然会随着时间的推移和不同的场地而变化。第三种方法是允许密度从一个场地转移到另一个场地，这需要进行仔细的城市设计评估，确保接收场地可以容易地管理建筑物尺度的增加。最后两种方法通常与某种形式的奖励计划联系在一起，目的是为首选用地功能提供密度，但其言外之意是相同的：城市的建筑尺寸和形态更具多样性。

## 使人们在市中心居住舒适的法规

居民居住在混合功能的市中心是成功的关键，但是如何成功吸引他们可能是最为棘手的，因为消费者会对密度、多样性和混合功能持怀疑态度，而且缺乏住房负担能力。一天 24 小时都有人活动可以提高公共安全；支持餐馆、娱乐场所和各类零售机构；并为生活在附近的工人提供了工作机会。单身人士、没有孩子的夫妇以及厌倦了维护郊区住宅的老年人是市中心生活的有力人选，但一个真正重要的市中心也需要有子女的家庭（图 4-22）。

温哥华已将有孩子的家庭纳入市中心开发区作为首要任务，明确规定了家庭的指导方针和土地要求，同时制定了保障低收入家庭住房的战略，最近又制定了保障中等收入家庭住房的战略。在市中心开发区，约有 30％的家庭是有孩子的家庭。不是每个家庭都想住在市中心，但是开发法规可以吸引那些崇尚市中心生活的便利和活力的家庭选择在市中心居住。为有子女家庭提供的住房应涉及建筑计划的各个方面，随着人口密度的增加，这项要求变得越来越重要，因为一个家庭对生活在市中心的怀疑似乎与所在城市的密度成正比。抚养孩子所需的多种多样的家庭生活经验必须与单一夫妻家庭的选择相竞争。我们如何使多人口家庭代替单一夫妻家庭？我们可以说，在避免通勤出行的情况下，城市提供了更多的文化机会、步行和节省时间，但是城市还必须拥有家庭负担得起的住房、学校、社区设施和托儿中心（图 4-23）。它还必须具有基本的安全环境，因为很少有家庭希望他们的孩子在与世隔绝的环境中孤独地成长。城市必须具有社会学家所说的"儿童社会"，一个典型的

图 4-22 照片中父母和儿童在埃默里·巴恩斯(Emery Barnes)公园内玩耍,这处公园是一个市中心有名的居民聚集的地方。一个真实有活力的城市中心需要有孩子的家庭,并且这是现代温哥华市中心的一个城市优先政策

图 4-23 温哥华福斯湾北区的一个儿童护理中心,其附近是一所学校和伴随着其他公共福利设施的社区中心,所有这些都是吸引家庭策略的必要部分

图 4-24 温哥华关于高密度家庭住房的官方指南规定了儿童活动场所应该邻近家庭住宅,甚至是在屋顶平台上,正如耶鲁镇(Yaletown)社区案例阐明的那样。根据城市家庭调查,指南处理了住宅单元、建筑、街道和街区的方方面面

家庭也需要一套公寓来支持他们要求的生活方式。温哥华关于高密度家庭住房的指南很好地说明了需要考虑的问题(图 4-24),单元地板饰面的性质、洗衣设施的隐私、受保护游戏空间的可用性、建筑物内邻近的成年人对儿童的自然监督潜力以及许多其他具体问题都必须得到关注和解决。

管理城市密度的经验对于密度形成的城市形象和活力,特别是对于住宅消费者来说,都是很重要的。这是另一项需要深思熟虑的法规和导则的工作。温哥华提供了更进一步的说明。例如,随着城市密度的增加,总是会有消费者关心集合住宅中家庭和工程的安全、个人隐私和住宅密集区的降噪问题。温哥华清晰的城市设计指南强化了对于家庭住宅方面的指导。这些指南为解决家庭和其他租户比较关心的问题提供了许多选择,例如开放空间与街道的平面分离,相邻建筑物窗户之间的最小距离,以及控制噪声的建筑标准等。政策方向也有助于解决城市生活中更普遍的现实问题,城市设计对人行道活力的要求和禁止空白墙有助于在街道上创造一种更安全的氛围。

减少密度的一个重要因素就是景观。马路旁单边或者双边的行道树降低了大量进行城市建设带来的负面影响(图 4-25)。沿临街面的小型景观花园提供了一种家庭氛围,减弱了通常在高密度街区常见的无特色现象(图 4-26)。

图 4-25　人行道两旁的树木提供了一个对毗邻高楼的可视屏障，营造了一种隔离街道车辆的保护感。这张图片显示了一个在该种植要求下常见的温哥华人行道

图 4-26　人行道旁的私人住宅门在高密度的街区中为居民提供了便利和识别度。一个小露台和由街上坡度的适度变化创造出了一种私密的感觉，并允许私人花园有所不同。温哥华有成百上千的具有这种设计的现代联排别墅

图 4-27　高层公寓群内郁郁葱葱的庭院景观提供了私密感、亲切感和儿童玩耍的安全地带。温哥华住宅的共享庭院通常在一个高于车库和街道商店的高度

图 4-28　将点式高层的底层聚集在沿着人行道的联排别墅的围墙内，以减少高层的规模对行人的影响。这种点式高层的设计方法在温哥华的高密度开发中很典型

　　郁郁葱葱的庭院和到处可见的屋顶花园为租住的人们提供暂时的休息和视觉上的愉悦（图 4-27）。将高层建筑物沿底部后退至沿街三四层建筑物后面将大大改变沿着人行道行走时高层建筑物带给人们的压迫感（图 4-28）。这些生活设施和设计措施相对来说成本都比较低，并且不难加入法规要求中。

　　温哥华还限制了高层住宅塔楼的楼底板面积，并将这些高层塔楼分隔开来（但是并不分离它们的低楼层，这样就会形成一个沿街的连续界面），从而在它们之间营造出有效的空间。这一要求为人们提供了更广阔的视野机会、开阔感，并且改善了天际线的构图（图 4-29）。城市可以通过区划覆盖来保护公共视野，并且通过审查设计方案来保护私人视野和减缓城市密集感。即使是建筑材料的规格也能提高城市

图 4-29  管理点式高层的体块和间距是使城市的高密度开发令人感到舒适的一个关键管理措施。温哥华要求高层建筑的高度要高并且宽度要窄，还要在楼与楼之间进行良好的分隔

图 4-30  温哥华的一些建筑提供带有车库门的私人车库这种形式的地下车库。这可以成为住户从单个家庭住宅转换为公寓集体生活的诱因

密度的接受程度，因为有很多人担心房屋的维护问题和形象。通过一些法规的改革，在住宅密集区的停车问题能够轻松地实现同郊区住宅车库一样的安全性和灵活性，每个车库都会有门和储藏室，而不是使用巨大的地下空间来停车（图 4-30）。此外，公寓建筑的传统车库还可以配备自动安全门。由于城市车库价格比较昂贵，不想购买的居民应该有其他的选择，比如转而依靠车辆共享或者使用自行车。开发商应该允许市场能够接受尽可能低的停车率。

所有这些措施的目的都是提升生活体验质量，生活体验是消费者在喜欢的地方生活的核心需求，在那里他们可以拥有一种所有权和归属感。当然，支付能力也是一个重要的考虑因素。当城市密度和设计质量在一个可以接受的价格范围内配合在一起时，就消费者的接受度而言，似乎就有了一种成功的化学作用。建筑解决方案使密度得以发挥作用；高密度产生了足够的价值，能够承载优质的建筑、一流的现场设施和对社区基础设施非常好的贡献；这种支持性的社区吸引了各种各样的人群回归到真正的城市生活方式，从而为充满活力的城市创造新的经济和社会机遇。

市中心的生活不仅来自高层建筑，它还需要包括联排别墅或者有一定朝向的行列式住宅（图 4-31）。例如，若人们不想和他们的大型犬一起生活在高层建筑里，或者想要拥有自己独特的宅前形象，或是恐高，或是不想自己的楼上还有人居住时，高层塔楼公寓这种方案就不适合他们。有时，现代家庭由于经济原因，或者为了减轻抚养孩子的压力，而想要将家庭和工作空间放在一起，因此更高的建筑密度还需要包括阁楼和生活／工作单位，以及支持这种生活方式的法规和税收评估规则（图 4-32）。有时，有些家庭会想在一个大家庭内生活，因此需要更高的密度来包括公共住房或共享住房空间。有时，两个单身的人想要共用一个单元或者共享按揭以建立个人资产，因此，更高的密度需要包括有多个主卧套房的单元，有时称作"混合"单元。目前多元的住房市场几乎没有触及集合式住宅的多种选择，因此需要提供集合式住宅以建立强劲和持续的需求，并将消费者对市中心住房的怀疑态度转化为支持和忠诚的态度。

图 4-31  典型的温哥华联排别墅街区，有时我们称之为连栋住宅，通常与点式高层结合。这些住宅提供了住宅的多样性，并且吸引了反对居住在高层建筑的人们

图 4-32  温哥华市中心的生活工作混合一体的新型阁楼建筑，它是一种将仓库转换为生活工作一体单元的替代方式

## 实现社会多样性

社会多样性和住宅支付能力的问题比单纯的法规改革更为复杂（图4-33）。它通常关乎公共投资和公共政策的问题。不幸的是，房地产市场的通常运行方式往往趋向于使住宅同质化，并且将社会多样性驱赶出城市。人们需求越多，价格就越容易上涨。上涨的价格会起到按照人们收入水平和家庭类型对居民进行筛选的作用，因为有些家庭，如有子女的家庭，需要以合理的价格获得更多的空间。即使开发商的意图是好的，私营市场也不能解决这个现实问题，因此解决这一问题需要某种形式的公众干预或参与。城市有如此多无家可归的人的原因之一就是通过公众参与市场确保住房可支付能力的想法已经变得不受欢迎。社会保障性住房的公共投资已被取消或大幅限制，接下来不可避免的影响是保障性住房的匮乏。我们需要认识到提供住房是每个人都应享有的福利。

朝着一个平衡和公平社区迈出的第一步就是发表一个强有力的城市政策声明，表明公众希望确保社会多样性在一定程度上反映区域规范。这份声明可能是关于不同收入阶层人群的保障；低收入住宅目标并不罕见，中等收入住宅目标则比较少见，但他们都同等重要。声明里的其他部分可以是关于确保各类家庭住房，例如为老年人、有子女的家庭或是有特殊需求的家庭提供的住房。一份政策声明只是表示在该特定社区中，规划将在通常的市场过程中进行某种形式的干预。为了将政策转换成现实，可以使用几种机制。其中最明显的是保护已经存在的中等收入的出租住房。如果现有的适度租金住房存量受到威胁，那么提供区划的变化率可以防止审批允许进行新的开发。另一个流行的措施是，在市中心的老旅馆中禁止拆除几乎完全由单身贫困人口使用的所谓的单人房居住单元。当然，最典型的举措是由公共投资驱动的。政府一般会购买场地或是补贴部分私人项目，以便为特定的用户群体建造单元。

然而，公共基金似乎永远都不够。作为替代的选择是，一些低收入和特殊需求的住房可以通过重新区划的过程加以利用。许多城市已经在尝试所谓的包容性区划，因此，必须在新的开发项目中提供一定数量的低收入或中等收入住房，或者必须为非现场住房计划做出贡献。由于这项规定可能成本较高，尤其是在新的建设中，即使到了阻碍发展的地步，包容性住房政策也可以得到激励。例如，区划或重新区划作为一项政策实施的奖励规定可以提供更高水平的发展机会，以换取某种程度的可承受性或某种类型的可承受性，如市场租金、指定租金或非营利性房屋所有权。这一策略的变化之一是同时使用公共投资和关于密度的奖励。

图 4-33 温哥华低收入者住房的一个案例。这座建筑中的一部分是低端市场工人住房，是与其他活动很好地结合在一起的优质住房，当然"不仅仅是一个屋顶"

图 4-34 温哥华黄金地段的太平洋林荫大道沿线相邻的保障性住房和市场性住房，只有居民知道哪栋建筑是什么类别

正如我们可以从 20 世纪中期公共住房聚居区的经验中学到的，集合式住宅中混合不同收入阶层的居民是很必要的，但是这种混合也必须被仔细安排。不同收入阶层人群的心理预期是不同的，不同要求的人生活在一起需要一个特殊的社会协议。自然的混合是很重要的，是由混合收入合作组织提供的。在那里人们签署了合作组织的交叉补贴，并且互相支持促进彼此生活在一起。在大多数的现代非市场住房中，有一项从一开始就建立起来的社会融合政策，包括低收入家庭和至少是低端市场或工人家庭。经验表明，在这种情况下几乎没有问题发生，因为所有居民都是通过自由选择居住在这里，或将住房机会看作一种福利。例如，将整个城市社区不同收入阶层人群进行更大规模的混合需要更多的管理和准备，因为一些居民可能认为他们参与了一些他们并不期望发生的事情。一些政策的目标是市场建筑内的收入组合，而另一些政策的目标是密切相关的建筑之间的收入组合（图 4-34）。即使不考虑街区社会混合政策的具体条例，还有一些原则也是很重要的。第一，建筑质量、饰面、比例和外观的差异需要最小化；第二，人们应有公平的机会使用社区设备和生活设施；第三，对于管理和设计应该同等对待。这些原则可以帮助社区的每一个居民理解并享受社会混合的福利。

## 可步行混合密度邻里住区的规定

"邻里"是每个人都会用到的一个词，但是对于不同的人来说它的意义也不同，从地理邻近到民族认同等（图 4-35）。许多人认为城市社区组织的概念已不再重要，他们认为现代城市的地理扩张阻碍了人与人的面对面互动，并且网络的普及促进了

图 4-35 塑造城市形态的底线是社区。图中这家酒吧位于温哥华基斯兰诺（Kitsilano）社区附近

图 4-36 人们认为自己生活在一个邻里社区中并被包括在社交活动内，并且会在这种情况下以邻居的身份帮助他人。这个标牌表示的是一个温哥华市中心的社区将举行当地的庆祝活动

可以遍布全球的数字"兴趣集群"。尽管如此，真实的地理街区依然存在，人们似乎仍然觉得它们很有吸引力（图 4-36）。通过塑造更适宜步行的城市和郊区可以享受这种自然的消费倾向带来的优势，混合使用、密度和社会多样性可以通过自然地理和邻里的社会意识来合成。更重要的是，一个令人满意的消费者体验可以巧妙地在邻里环境中提供。精明的做法是既要完善城市政策和法规框架，也要塑造开发的营销故事。实际上，要根据社区规范和特点加以区分。法规可以加强社区的结构和组织，并排除那些将社区拉裂的因素和影响。

邻里作为城市发展的一个重要组成部分，是由克拉伦斯·佩里（Clarence Perry）在 1929 年发表的一篇著名的文章里定义的，这篇文章是第一个区域规划——纽约大都市区域规划的一部分。一个关键的因素就是邻里应该主要在居民 5 分钟步行范围内，相当于面积大约为 160 英亩(约 65 公顷)。每个邻里应该包括混合的住房类型和面积，以及容易到达的公共开放空间。根据佩里的描述，在每四个邻里单元交会的地方设置商业区，保证每个邻里的居民步行到达商业区的距离较短。邻里的密度应该根据所支持小学所需的人口来确定，小学则对所有儿童来说都在步行或骑自行车的距离之内（图 4-37）。当佩里写这篇文章时，他同时定义了当时大多数城市的开发模式，并对由于迅速增长的汽车保有量而明显走向人口消减和分散的城市及郊区持反对态度。他的灵感来自他所居住的纽约市皇后区森林山花园（Forest Hills Gardens）社区模式，那里是由佩里服务的罗素·塞奇（Russell Sage）基金会开发的。这里的开发是由格罗夫纳·阿特伯里（Grosvenor Atterbury）和小弗雷德里克·劳·奥尔姆斯特德（Frederick Law Olmsted Jr.）主持的设计，设计采用了一种富有魅力的英式村庄的形式，车站广场周边有较高密度和较多数量的城市建筑（图 4-38）。即使是在 1929 年，

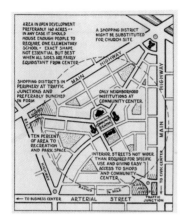
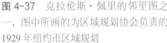

图 4-37　克拉伦斯·佩里的邻里图之一，图中所画的为区域规划协会负责的 1929 年纽约市区域规划

图 4-38　森林山花园是克拉伦斯·佩里居住过的规划社区，它是由罗素·塞奇基金会开发的。该社区的本意是成为一个人们可负担的典型邻里社区，但是它很快就成为一个令人垂涎的昂贵居住区

佩里提出的邻里建议依旧是杰出的，也有许多大城市郊区喜欢将邻里视作城市时尚的一面，但是将佩里所定义的邻里视作城市和区域的基本要素看似是有道理的。[5]

第二次世界大战之后，出现了一种强烈的现代主义运动，反对森林丘陵花园那种风景式的街道景观和历史建筑灵感。城市更新区和公共住房项目被规划为整齐、排列成行和笔直的建筑物，周围是平坦的广场或草坪。这些项目也是单一的用地性质，以保持所想象的城市现代性。同时，这种单一用地性质的土地还被转化为开发规范。由于法规规定采用单一性质用地，商业走廊和大型住宅区只允许单一的建筑用地，因此佩里定义的邻里社区变得难以实现，后来邻里就作为一种规划理念被全部弃用。

在城市中，当 20 世纪 60 年代末社区参与规划被广泛接受时，社区这一概念对于规划师来说再次变得重要起来。在这一时期，邻里组织也在成长，帮助居民与当地政府交涉有关规划、提议新建的建筑物、道路、交通管理或服务的失败等问题。郊区的邻里复兴经常被归功于滨海村（Seaside）的案例，它是一个位于佛罗里达州狭长地带的度假村，由安德烈·杜安尼（Andrés Duany）和伊丽莎白·普拉特-兹伯克（Elizabeth Plater-Zyberk）设计，由罗伯特·戴维斯（Robert Davis）于 20 世纪 80 年代初开发。杜安尼和普拉特-兹伯克很清楚克拉伦斯·佩里的设想；其街道规划和基本组织创建了一个可步行的邻里，其中混合了不同规模的建筑，虽然整体开发只有佩里设想的 160 英亩（约 65 公顷）的一半规模。他们也欣赏像森林山花园住区那样的花园式郊区，郊区的景观包括灵感来自历史案例的建筑以及草坪和树木林立的街道。滨海村的灵感来自佛罗里达州的度假胜地，如基韦斯特（Key West）和德福尼亚克泉（DeFuniak Springs），而不是来自英式村庄，它们和南部的

图 4-39　华盛顿郊区马里兰州盖瑟斯堡中的肯特兰 / 雷克兰开发区内的一条街道。设计师安德烈·杜安尼和伊丽莎白·普拉特 – 兹伯克使用现在华盛顿大都市区标准中的开发商建筑类型重建了在第二次世界大战之前建造的那种邻里社区

沙地景观非常不同。这种开发的魅力源自它令人联想到带柱廊的隔板房子的形象。杜安尼和普拉特 – 兹伯克公司很快开始为那些控制着大片土地的开发商设计混合建筑模式的可步行邻里，这些住宅区几乎均位于郊区，尤其是在马里兰州盖瑟斯堡（Galthersburg）的肯特兰 / 雷克兰（Kentlands/Lakelands）进行的开发项目，设计采用受到华盛顿郊区开发商青睐的新乔治风格（图 4-39）。杜安尼和普拉特 – 兹伯克在 1993 年成立的新城市主义大会中发挥了重要作用，该大会将邻里规划和传统设计的支持者聚集在一起，呼吁在所有尺度上进行良好的规划和可持续的发展。[6]

　　现在已经有数百个遵循《新城市主义宪章》原则的开发，这些开发几乎都是由一个单一的投资者建设的，该投资者通过使用规划单元开发、传统邻里开发、其他法规规定的例外情况获得了当地政府的批准，这些例外情况仅适用于由一个土地所有者控制的大型场地。即使在这些内部可步行的邻里中，仍会由于缺少交通设施而与城市产生隔离，因为汽车的使用依旧很普遍。许多邻里社区非常昂贵，社会多样性也很有限。在任何情况下，它们都需要通过特殊的批准机制。在典型的法规下，创建一个混合了不同住房类型和收入水平人群的可步行社区仍然是困难的，特别是开发商在没有政府作为伙伴和其他合作的情况下独自开发。内布拉斯加州奥马哈是一个拥有步行街区的城市案例，它将适用于多个所有权作为条例的一部分，但目前这只是一个选择，这些区域需要在特定位置建设才能真正成为协调和塑造开发的样本。

## 为成功的城市社区增加更多的住房

每个北美城市都有较老的、通常是第二次世界大战前建设的有轨电车和带有花园的郊区居住区。发达国家的大多数城市和郊区都可以找到类似的居住区，尽管通常公寓的比例会高于独栋住宅。它们已经拥有许多完整的社区生活特征，但在很多地方，目前的开发法规将不再允许建设此类社区。这些居住区具有紧凑、可步行、密度高且舒适的特点。它们几乎总是有一个混合使用功能的"主要街道"商业发展模式，还有位于街角的便利店和吸引人的临时机构。居住区随着时间的推移发生了变化——将大房子转换成多个单元、增加第二套住房、填充建设花园公寓和联排别墅、为老年人提供小型住宅集合体以及建设其他有特殊需要的住宅设施，这些变化实现了不同年龄和收入的居民混合居住，但同时也保护了独户家庭的基本设施（图 4-40）。在允许建设公寓的邻里住区，通常保持 3 层或 3 层以下的房屋高度和少量相对高些的楼房，这些建筑经过多年的开发使得住区有着各种各样的建筑风格，成为具有地方特色的宝贵遗产。

虽然填充式住房建设是振兴现有社区的一个很好的方式，但这样做也可能是棘手的，因为有很大的可能会对现有居民产生不利影响，导致当地反对者提出反对提案。通常情况下，这样的填充最好通过非常严格和清晰的城市设计导则来实现。例如多伦多在城市已建成区使用的设计导则，通常包含新建筑如何适应现有商业街道和住宅街道景观，以及如何兼容不同类型住房等内容。多伦多有关填充式联排别墅的导则说明了需要如何去做，例如如何在考虑到现有邻里特征的同时，将新的联排别墅小心地置于现有的独户住宅和双拼住宅环境中。重点考虑街道或前立面开放空间的朝向；邻里关系的邻接条件，包括高度和后退；服务区和车行通道的灵活处理；停车安排；景观模式，包括保存成熟树木，改善街道景观有助于步行等。

有了这样的导则，邻居们可以获得一些安全感，新建的联排住宅就不会与现有附近开发建设的氛围、规律和规模发生冲突。这些导则有助于通过政府程序批准这些房屋，这一点尤为重要，因为我们需要为有孩子的家庭提供可持续和负担得起的住房作为远郊独栋住房的替代品。导则的控制结果是新建住宅不仅能够舒服地存在

图 4-40 填充是一种在已建成社区提供多样化住房选择的方式。图为温哥华的一个案例

图 4-41 多伦多的两个独栋住宅后面填充了联排别墅，这是详细规划在精致的现有社区中致密化的结果

图 4-42 这条位于温哥华快乐山（Mount Pleasant）地区的三条半车道宽的街道在住宅环境中完美地发挥了作用，它平稳了交通，并提供了有价值的停车场和所有需要的通道。但不幸的是，它不符合当代街道的规格，因此现在不会再建了

于现有社区内，而且为多个家庭提供较好朝向的住房选择（图 4-41）。

旧邻里住区通常有一个相互连接的街道网，可以分散交通，并提供良好的人行道步行网络。如果街道相对狭窄，那么交通和速度的管理就更加自然而然；当地街道的三个半巷横截面并不少见，两侧都有停车场，双向交通只有一个半车道（图 4-42）。有时，也有后巷或小巷，所以家庭可以有一个适当的迎宾前门，供家庭使用，车库门被转移到房子后方。通常，这些旧住区至少有便利的公共汽车，有时也有快速公交。一般会有一所小学，在现在小学规模变大需要更大的学区之前就建成了，并且有距离较近的中学和高中，还设置社区设施。这些地方有足够的密度，可以用经济上可行的方式提供大多数的公共服务。最重要的是，如果让典型郊区居民画出他们理想的居住地点并描述它的特点的话，结果通常看起来像这些邻里住区中的一个，这是非常具有吸引力的，并且在事实上也会对在城市边缘建设的新邻里住区提供设计灵感。

这些旧邻里住区的主要缺陷就是住房陈旧，房间较小，而且可能没有当今人们追求的豪华浴室和厨房。但是当业主拥有资源时，这些问题很容易解决。在这些社区中遇到的一个问题是，法规允许建设的建筑比现行房屋类型大得多。"拆迁"已成为一个大问题。目前城市和郊区的一项紧迫任务就是审查新

图 4-43　图中曾经是温哥华一个独栋住宅街区的第二所住宅，也就是说巷道房子的数量正在增长。它们几乎轻松地为现有的稳定社区带来住房多样性和更好的居民承受能力。本示例还具有先进的可持续性

规划住区的现行法规，以确保它们没有被重新区划为与现存住区不相容的单一房屋类型的住区并建造出不舒适且受限制的住宅和使用不合适的新结构。

想要在新规划的住区中找到适合居住的地方通常是很困难的。2009 年，温哥华出台了一项政策，允许在个人住宅地块上面向社区服务道路建造第二个较小的住宅。虽然这些临街住宅很小，面积从 500 ~ 1200 平方英尺（约 46.5 ~ 111.5 平方米）不等，但是政府会经过仔细审查，以确保这些住宅符合城市导则，从而可以保持现有的社区特色（图 4-43）。但是它们并不能解决更大区域范围内的住房负担能力问题，因为以每平方英尺的成本计算，这些住宅的价格并不便宜。但是，它们确实扩大了可供选择的住房范围，例如，它们对有朝向偏好的小型家庭——需要一个儿童游乐场的单亲家庭或一个喜爱花园的老年家庭具有吸引力。他们特别感兴趣的部分原因是，这套住宅的利润仍归房主所有。如果在这一代，临街住宅继续作为城市政策，它们可以大大增加温哥华的可用住房供应。

附属公寓，经常被称为"祖母公寓"或"亲戚套房"，是一个古老的概念，在大多数社区已经不复存在。这些住房单元建立在附属或独立的车库之上，或在有采光

的地下室区域，作为增加各种可用住房选择的一种方式，已被纳入一些新的城市居民住宅开发项目中。虽然这些住房单元在促进设施多样性方面是一个非常有用的想法，但是在监管和执行问题时必须谨慎处理。有些社区要求这些单元只能由主屋的业主租用，理论上假设如果租户不守规矩并制造大量噪声的话，那么生活在同一房屋的业主将是最受影响的，因此房主就肯定需要按照原则解决这个问题。这些单元只能租给大家庭成员，但是这样的限制是很难实现的。

## 在城市边缘创建新社区

　　由克拉伦斯·佩里制定并在许多社区中进行测试的邻里单元事实上是符合开发法规的。佩里选定160英亩（约65公顷）作为可步行社区的大小，是1平方英里（约2.6平方千米）的1/4，这已被绘制成覆盖美国大片地区的街道网格，因此每平方英里可能包含4个潜在的可步行社区。加拿大大部分地区也存在类似的道路框架，通常在主要街道上每英里（约1.6千米）就有一个交叉口，该区域可能是快速公交车站或轻轨车站的位置，以及一个小型商业中心。在每平方英里内，都要保留绿地并由邻里共享，绿地的定位取决于地域景观的特征。图4-44显示了这种规划布局。每个红色正方形区域是一个服务于4个佩里尺度邻里的社区商业中心。如图4-45所示，将此模式应用于内布拉斯加州奥马哈市的城市边缘地带，该市通过兼并农业用地继续扩张。根据兼并协议，被兼并的房产可以接受城市分区，作为享受城市服务的条件。由于人口增长，城市继续向外扩张，用这种方式管理增长可以为城市增长提供

图 4-44　北美地区的1平方英里正方形街道网格（每条边约1.6千米），商业中心在地图上显示为红色，商业中心互相之间相隔1英里（约1.6千米），有4个步行即可到达的社区。该距离在克拉伦斯·佩里提出的160英亩（约65公顷）的步行范围内

图 4-45　可适用于内布拉斯加州奥马哈市周边可能被吞并的农田上的社区和商业中心街道网络。该市有权要求将这种模式作为兼并协议的一部分

图 4-46　社区是一个物理场所、一个社交场所和一个经济场所，它与开发者相关并自然地吸引着消费者。这个在温哥华公园内的社区团体是由附近居民组织的

框架，而不是任其无序蔓延。

　　邻里应该是城市和郊区的基本建设单元。无论是在高密度居住区还是在小规模居住环境中，它都是一个物理场所、一个社会场所和一个经济场所（图 4-46）。邻里单元具有情感联系以及地理便利的特点，这是可以理解而难忘的。邻里单元在更高密度居住环境的应用使更多潜在居民的诉求多样化，在中密度和低密度居住环境的应用常常可以为分散的随机模式提供规划结构和意义。

　　城市或郊区的旧区已经具有某种类型的邻里结构。它们可能不符合佩里的构想，但这些地方已经被居民认知为邻里，并且可能具有佩里倡导的一些特征：可步行街道、通常包括小公寓建筑的混合房型、邻里机构和一些当地商店。

## 在居住区和商业区创建社区

　　离邻里结构最远的地方是大面积的郊区土地，这些土地被划分为一个单独的地块大小，这就产生了大面积类似的房屋，通常这些土地的平均密度非常低。穿过这些区域就是商业区主干路。正如我们在第 3 章中看到的，商业走廊现在并不发达。

图 4-47　乔伊斯（Joyce）站的公交导向住宅开发是基于温哥华的空中捷运系统。该车站在很短的步行路程内就有住宅、办公室和商店

如果由运输提供服务的话，那么商业走廊就要被重建，用以支持商店和公寓的混合。公共交通应该是综合系统的一部分，正如多伦多大都市区正在建设的公交系统，可以让人们乘坐公共交通工具到大都市区的许多其他目的地。快速公交技术可以用于相对不发达的商业走廊，因为它需要的前期投资比轨道交通系统低得多。正如我们在第 3 章中讨论的那样，这种本地公共交通站点之间的最优距离是 1 英里（约 1.6 千米），因此走廊沿线的每个人都处于站点的 10 分钟步行范围内，约为 0.5 英里（约 0.8 千米）以内。在车站周围可以聚集商业开发和公寓，这是一种在城市中已经出现的混合使用功能和公交导向的开发方式（图 4-47）。这种情况会产生一些非常像佩里提出的邻里单元那样的模式。每隔 1 英里（约 1.6 千米）就会有一个带有商店和公寓的混合利用中心，步行 10 分钟就可以到达 4 个片区，每个社区约为 160 英亩（约 65 公顷）。如果在开发条例中认识到并鼓励这种潜在的情况发生的话，那么在公共交通站点开放后一代人的时间里，可步行社区有望在这些地区发展。

　　想要引入或强化邻里关系的城市和郊区需要从一个连贯的政策框架开始，框架中明确邻里关系形成的三个方面：结构、提供便利设施和形式。为了防止出现临时应对模式和提供设施不足的倾向，这些邻里概念需要作为法规制定，从而使每个人都能朝着相同的目标努力。

　　关于邻里结构，法规将包括邻里范围的最佳规模。根据我们自己的经验，邻里社区的范围可以从 5 分钟步行的最小半径延伸到最大为 7 ~ 10 分钟的步行半径。

法规将允许支持当地基本商业供应需要的最低人数，包括食品店和药房，它们将沿主干道以大约 1 英里（约 1.6 千米）的间隔来进行区划。如果可能的话，主干道也应该尽可能是一个公共交通走廊，这样的话，这些混合功能的中心就将位于公交站点。该法规应该允许至少有 2 万名居民在中心周围方圆大致 1 平方英里的步行距离内居住（每平方公里只有不到 8000 名居民），该密度对于最终进行的商业开发工作来说是必要的。平均每英亩有 32 名居民，或者每英亩有 12 个家庭（每公顷约有 30 个家庭），这一密度是目前郊区土地开发平均密度的 2 倍。然而，大部分额外的开发项目应该在商业走廊内的公寓区进行，因此，如果现有房屋和地块发生变化，那么将会是逐渐变化的。在不断增长的大都市地区，只有在城市边缘继续减少城市化和占用土地的情况下，这些社区密度才能达到。减少现有城市区域以外的农场和森林的城市化压力将是更好地利用现有商业走廊中未充分利用土地能够带来的好处之一。在制定邻里法规时，应该有一个目标是混合多种单元类型，包括家庭类型和收入水平，还可以包括工作场所或工作目标。扩大可供选择的住房，使得为退休人员、刚刚独立的年轻人和服务工人提供负担得起的住房变得更加容易。根据这些规定，应允许一些建筑类型出现，目前首层是商店和停车场，上面是 4 层公寓的建筑已经在许多房地产市场建设。

除了可步行尺度和公共交通可达性以外，每个社区还应该规划一系列的便利设施——邻里便利设施，每个地方的便利设施应制定标准和目标，除了公园的层次结构之外，社区群还应该包括一所至少是小学级别的社区学校，儿童可以步行或骑自行车到达。还应该设置一个社区分支图书馆、娱乐中心、老年中心和儿童保育设施。当建设费用不允许设立独立设施时，组合设置是一个好的选择。这样可以战略性地定位组合设施，以服务最多 4 个邻里单元，形成一个高效和高性价比的布局。虽然建设共享设施在单独的预算和行政部门之间可能存在问题，但现在有些地方已经取得了这种协同和节约的方式。一个明显的案例是，在佛罗里达州奥兰多附近的诺纳湖（Lake Nona）社区，一所小学与基督教青年会中心共用一栋建筑和一块操场。公共政策和开发法规可以促进公共服务共享用地，以加强邻里关系。通过分区奖励条款可以获得一些基本的便利设施。随着新社区的建成，或随着商业走廊的重新开发，旧区变为一个社区，目标可以推动特定级别的便利设施的完成。

此外，还应制定邻里的城市设计导则，其中包含社区形式、建筑物与街道和公共空间的关系、可步行街道以及自行车道和人行道网络的标准。导则中还应该有保护遗产的规定和奖励计划，以促进这些建筑物的再利用。复杂的导则将包括公共艺术的目标。

　　一个城市或郊区可能有各种密度的邻里住区，较低密度的邻里住区往往离传统的核心城市较远，但是当密集的邻里聚集在靠近公共交通节点和其他具有强大开发潜力的地方时，即使这些地点距离最初的城市中心很远，这种自然模式也是可以被打破的。鼓励紧凑型发展的法规之所以重要，有几个相关的政策原因：通过更好地利用城市化土地，我们认为这是个根本问题，减轻农村地区的农业用地和自然景观的压力；使替代小汽车的交通更加可行和实惠；提高社区和公用事业服务的效率；促进社会、文化和经济机会。受到消费者欢迎的邻里密度，也必须反映特定情况，并被设想支持产生特殊品质和特征的不同偏好。

　　基本密度的目标将解决邻里住区的社会生态和其可持续性表现的问题。在美国的许多郊区，区划法规设定密度为小于两个单位或家庭/英亩（约5个单位/公顷）。在加拿大，最近的郊区密度以6个单位或家庭/英亩（约15个单位/公顷）或更低的速度增长。在车站10分钟步行距离范围内，支持公共交通的最小平均密度需要达到10～20个单位或家庭/英亩（约25～50个单位/公顷）的水平，但是大部分此类密度的邻里住区可以布置得靠近车站，在步行范围的边缘建设的住宅为独栋住宅。尽管拥有多用途的公园、学校、老年人中心和图书馆大楼可以使小型的学校更容易融资，但在这种密度下，邻里学校可能需要为不止一个邻里住区服务。如上所述，平均土地面积有30～40个单位或家庭/英亩（约75～100个单位/公顷）。我们开始看到对更高水平便利设施的支持，包括在一个邻里步行圈内建立一所邻里学校的可能性。在这样的密度下，居民的消费会更加分散，并拥有更多样的日常购物选择。在这些范围之上，建筑形式和特征的变化将为不同的消费者群体提供不同的体验，但是40个单位或家庭/英亩（约100个单位/公顷）的社区密度似乎是真正的城市体验和基本可持续性的关键阈值。达到这一规模时，社区会成为理想的地方；一个例子是温哥华的快乐山邻里社区（图4-48）。

　　此外，还要具备其他类型因地制宜的差异性。每个邻里住区必须进行设计或改造，以反映基本模式及该地区环境、人口和历史的独特和特殊条件。如果已经有居民生活在这样一个区域，有可能会增加设施和改善公共领域，并且为了成为完全可持续的邻里住区而实现住房和商业多样化，那么这些居民就需要参与到规划的改变中。他们可以参观成功的邻里住区，亲自看看其社区生活带来的好处。此外，他们还可以与城市官员和专业城市设计师一同成为活跃的邻里住区法规的设计师。可以采取集中的多日工作坊的方式，通常称之为"沙雷特"（charette），这是一种将所有利益集团集中在一起以达成关于应该做什么的共识的方式。这一参与过程适应标准的设定，但同时也促进引入微妙的消费者期望，并能够使社区独一无二的特征得以突出，

图 4-48　像温哥华的快乐山一样的老城"有轨电车社区"提供了一个可行的可持续发展模式来应对这些年来的发展和多样化。它们说明了 40 个单位 / 英亩（100 个单位 / 公顷）的阈值在环境、社会和经济角度是可行的

图 4-49　儿童节当天，温哥华当地的一个市中心公园精心策划活动并有很多市民参加的场景。对于完整的邻里社区而言，有时需要由政府或公民行为驱动的社交活动作为开端

包括一群历史建筑、一个主要公园、一个滨水区或其他不寻常的景色。如何表达密度和建筑群体是一个需要考虑的因素。一些社区通过采用公共交通导向的发展模式而将重点放在公共交通站点附近高密度和较高层数的建筑上，并留下较低层数的其他区域。其他地区可能会将更高密度和规模的建设瞄准沿着当地零售业街道的底商住宅建筑，还有一些地区可能会将重点放在区域内的异常情况上，这些区域内有较大的场地在早期没有被开发，现在可以用来引入灵活的密度和规模。或者，还可能存在一种对于整个住宅区逐个地块建筑机理进行一点点加密的偏好。

　　为了完成一个智能社区策略，社会性的启动如图 4-49 所示的事件是有帮助的，这可能是社区发展策略的结果，它促进了社区组织和机构的形成，并且提出了将人们纳入当地活动和社会的计划。除此之外，可能还需要一个可负担住房的战略，这些措施是社区社会网络形成以及如何启动互助的方式。这就是邻里稳定性产生的方式。

## 恢复老旧退化的街区

　　遗憾的是，如果没有指出城市中的大量居民生活在贫困的地方，并且不得不处理普遍性犯罪特别是和毒品相关的犯罪的话，那么任何关于街区和当地商业中心的讨论都是不完整的。这些地区的一些建筑由业主维持，其他建筑物可能已被遗弃，成为破房屋或非法占用的房屋；一些建筑物已经到了恶化以至于最终必须被拆除的程度。因为无视违反法规的传唤，空置的地块上堆满了垃圾，卫生部门常常也不敢进入这些暴力的社区进行强制清理。虽然这些问题只在少数社区中存在，但美国大多数城市都有这样的地方。在这些贫困地区，许多破败的建筑能够恢复成良好的住宅，空地可用于填充式开发，甚至可以吸引那些将低廉的建筑价格视作特殊机会的新居民。市政和非营利社区发展公司，如人居环境公司，可以在这样的恢复项目中发挥重要作用。然而，在这些事情可以改变此类社区之前，必须针对该地区的特定问题拟定统一的社会发展战略以解决根本问题。

根据纽约约翰·杰伊（John Jay）刑事司法学院的戴维·肯尼迪（David Kennedy）的建议，北卡罗来纳高点地区的警察率先提出了一种方法，就是干扰社区的毒品市场，因为毒品市场一直是其他社区暴力和危险的源头。一小部分已经被警察知晓的当地毒品市场的头目会被邀请参加一个会议，在会议上他们会被保证不被逮捕。而且，他们发现自己正在与社区居民、亲属和前罪犯谈论毒品交易的影响、他们生活的选择以及可以获得的服务。驾车进入社区购买毒品的人的车辆牌照也会被识别，车主也发出警告信。其结果是毒品交易和相关的暴力危害急剧减少。西区的居民能够从他们的房子里出来，重新开垦社区。邻里志愿者开始清理空地，人们开始修缮房屋。一旦人们重新建立了对街角的控制，他们就会通过轮流使用街角和聚集在草坪的椅子处来表明他们不会容忍任何人进入他们的社区交易毒品。这种干预正在其他地方通过国家安全社区网络（一个由约翰·杰伊刑事司法学院开办的组织）重复进行。

日内瓦、苏黎世、法兰克福、温哥华和悉尼等几个积极主动的城市，正在开展更深入的计划以限制吸毒的影响。这些计划正在远离毒品战争，将毒瘾视作一种疾病而非犯罪。通常这些计划会采取所谓的"四支柱方法"，其中包括减少吸毒者的伤害，在安全区进行注射和更换针头；预防，包括对年轻人进行积极的教育；治疗，在先进的计划中甚至直接开出必要的处方毒品，以及执法，将警察的工作重点放在毒贩而不是瘾君子身上。这些计划仍然很新，但初步结果显示，城市街道上的吸毒者人数急剧减少，药物中毒死亡率下降，艾滋病毒和肝炎感染率下降，直接供应药品地区随机性财产犯罪数量减少。这些结果显著地改变了公共场所的环境和社区的安全水平和意识。

如果在受到挑战的社区能够恢复法律和秩序，特别是如果毒品文化的影响能够得到缓和，那么其他住房和社会服务计划就有可能得到支持。帮助城市各个地区人们通勤工作的综合交通系统、增加经济适用房的选择和更有效的教育都是重要因素，但是只要城市的任何一部分存在于正常的法律和社会制度之外，城市就不能说在经济上或道德上真正地取得成功。

## 紧凑的市中心和步行邻里住区的要点总结

多数城市的市中心及周边和郊区中心正在经历可步行地区的复苏，一些是旧的和更新的，而另外一些是新建的。它们的吸引力在于混合各类活动和较高的便利性。年轻的"单身人士"和年长的"空巢人士"的生活方式有助于激发这一现象，但如果建筑和场所的设计和协调得当，并包括适当的设施和服务，那么这种混合、便捷和可步行性也可以吸引其他类型的家庭。要加强这一趋势，就必须采取正确的战略，制定开发条例和公共政策激励措施，同时进行公私合作。

在法规允许的情况下，混合用途的建筑形式在经济上是可行的。混合使用是实用的和节约土地的，并有助于创造更多可识别的场所。市场协同效应可以创造商业、住宅和娱乐功能的平衡。开发法规应允许并促进"商业街"或"主要街道"零售门面的布置，这些门面可从人行道进入，而不是停车场。街头零售通过建筑混合功能来实现对消费者的吸引。在这种情况下，遗产保护和再利用可以得到促进，因为形式上有使用激励措施的余地，将旧的和新的集成在单个开发项目中在建筑上是有趣的。城市通过可选择的停车标准和共享汽车计划强化这些地方。

通过正确的开发法规和精心管理的设计导则，配备了改进的交通系统的商业走廊，沿线车站周边区域可以发展成具有足够强度和发展规模的可步行混合使用场所，从而创建一个连贯的邻里住区集合。商业区地面停车场地块可以根据街道的经验进行筛选，公寓的经济性可以实现安全的车库停车。公寓楼可以通过人行道与联排别墅、商店或办公室的低层裙房进行视觉联系，而不是被停车场或无边的广场包围。更高质量的材料可用于靠近人的区域。即使是购物中心的零售业态也可以整合到这种城市场景中，从而为城市活力做出贡献，并且有利于该地区的聚集。一些大型购物中心商店的停车场可以设置在地下或屋顶上。根据导则，这些功能可以在沿着街道和周围邻里的建筑群进行刻意安排。通过自由裁量的补贴和交易认可，可以创建激励机制来实施优选模式。如何实现这些目标将在第 6 章中讨论。

传统城市中心的紧凑性和便捷性可以重新创建，从而使城市变得比以前更舒适，曾经只有在城市和郊区的老城区才有可步行的社区，现在可以成为整个大都市地区的建设标准。

加强公共领域战略可以将传统城市中心和郊区市中心、新商业中心和不同密度的社区的所有功能和活动结合起来，创造持续的积极体验。我们将在第 5 章讨论公共领域策略。

　　紧凑型商业中心和公共交通支持的步行邻里住区比传统的功能分离、只允许汽车通行的商业中心和社区发展模式更加具有可持续性，并且由于它们的附加密度和效率而可以成为郊区蔓延的替代模式。再加上开发法规认识到自然环境是一个复杂的生态系统，而不仅仅是街道地图上的空白区域，所有地方政府都可以采取这些措施，可以大大改善整个建成环境的未来。

# 第5章　设计和管理公共领域

　　公共领域是一个借用哲学和社会科学专业的术语。当谈到城市设计时，它指的是城市中或多或少可供公众使用的所有空间（图5-1）。公共领域包括公众拥有的土地，例如街道、公共广场和公园、滨水区、高速公路路权及其边界、后车道和其他常被遗忘但具有巨大潜在价值的功利性场所。它还包括公共建筑的相关场地和前院。另一个可供公众不同程度使用的公共领域组成部分存在于私人财产中，包括购物中心、建筑大厅和中庭、广场、庭院、屋顶花园、竞技场和体育场。因此，公共领域包括一系列公共、半公共和半私人空间，它们共同组成的空间是公众利益关注如何被设计以及如何被允许使用的地方。拥有公共领域完整性的同时承认其设计和管理方法因公共或私人所有权而有所不同，这是生态设计的重要原则。当我们体验这个城市时，常常不知道所有权的界限，但我们非常清楚所得到的持续印象。最好的公共领域提供了一个连接的体验，包括公共和私人拥有的空间。

　　世界上的大城市都是由公共领域的优先计划塑造的。想想巴黎的案例，那里的林荫大道、广场和公园从17～19世纪都在重建，为整个历史悠久的城市形成了一个有凝聚力的公共开放空间体验。这是一个有意识的政府战略，使城市成为一个文化和商业磁铁，其想法的目的是为了创造仪式场所、改善交通连接以及开放灯光和空气，但它也创造了一种公共体验，吸引了人们（图5-2）。[1] 最近的一个案例是在哥本哈根，重要的斯托罗里耶（Strøget）购物街在1962年成为一个步行商业街之后，整条街道和公共开放空间系统已经逐渐重塑。哥本哈根的政策是给予行人和自行车优先地位，街上虽然仍有卡车和汽车，但是它们有自己的空间，就像行人与骑自行车的人有自己的空间一样（图5-3）。同样还有萨凡纳（Savannah），原来的广场网络已经变得破旧和危险，但现在已经通过景观和装饰的重新复兴进而再次成为城市的户外"客厅"（图5-4）。虽然这些城市都有自己的问题领域，但它们的总体形象取决于如何通过公共领域容纳日常体验。人们参观游览城市，那里有设计精良和管理有序的街道以及公共空间，只是因为那里的生活比在家里愉快。在已经拥有必要财富、设计资源和社会理解的所有世界发达城市和郊区都可以创造出同样的凝聚力、

图 5-1 在这个典型的城市街道中，公共领域从一条建筑红线延伸到另一条建筑红线，其中包括街道、人行道和草地之间的树木。这是公共领域的核心，其中还包括公园和公共建筑的位置。公共体验要延伸到建筑物的表面，因此即使在建筑红线内，采取与车行道外空间的一致且兼容的处理方式也很重要

图 5-2 在巴黎的圣日耳曼大道（Boulevard Saint-Germain）上，大量的活动发生在车行道上和相邻的人行道上，巴黎发明的林荫大道仍然是一个重要的街道模式；在这里，它已被改造成能够适应公交的专用道

图 5-3 哥本哈根已经成为一个伟大的步行城市。图中的街道视图显示，汽车、自行车和行人都有平等的空间。哥本哈根的街道铺装设计采用了坚硬的石头表面，道路两边用电线悬挂着不显眼的灯具，与巴黎的林荫大道从绿化到装饰路灯上都有着不同的审美

图 5-4 从佐治亚州萨凡纳的众多历史广场之一看到的景象，这些历史广场已经成为城市的户外"客厅"

个性和连通性。改善全世界数百万非正规住区居民生活的关键还在于提供公共基础设施和一个由街道、公共空间和公共服务组成的网络。虽然与已经有一个既定的政府制度相比，资源问题将更加难以解决。

有时，对于重要的公共场所，公共领域会受到特别关注，例如渥太华联邦大道（Confederation Boulevard）具有非常优雅的街景，有创造力的设计师着眼于特定的需求，根据具体情况设计。当这种情况发生时，公众几乎都会被咨询并成为寻找设计解决方案的一方。许多北美城市近几十年来已经在公共领域取得了重大进步。纽约、波士顿、芝加哥、查尔斯顿、华盛顿、旧金山、波特兰、俄勒冈、蒙特利尔和温哥华，

还有世界上许多其他地方都是显而易见的例子。不幸的是，这样的改进在任何现代城市都不会经常发生。在任何一个现代城市，人们都可以列举出一些特别举措，它们与每个市政府年度预算中包括的数百项其他标准化公共领域"改进"形成鲜明对比。

当建筑师、景观设计师或城市设计师的特定设计发挥作用时，我们会获得少数几个引人注目并深受喜爱的空间，可以与当今城市中最吸引我们注意的可爱的历史空间竞争。不幸的是，在大多数城市，公共土地的特征，包括街道、公共空间，甚至公园都是由那些与创造良好、连贯的公共场所无关的政策决定的。我们在第 4 章中描述了现代城市中经常误导私有财产管理的政策时，也发现了同样的矛盾和盲目性：与单一目的相关的效率驱动、狭隘定义的公共安全、规避极端风险的管理、作为管理标准的最低成本，以及似乎无休止地围绕汽车交通的布局和住宿。结果根本不是设计，而是基于给定规范的常规布局。在许多城市，我们看到的一些方案中，公园是其他类型开发用地中不切实际的遗留地，我们看到车道被逐渐拓宽，以至于除了私家车都没有其他使用者的空间，更不要说适宜的人行道。

城市可能看起来是偶然的，但是它们是由官方行动形成的。我们必须提醒自己，看似混乱和无规划的事情其实是非常确定的。公共空间的形式是通过每个地方应用各方面的标准和要求确定的：街道和人行道标准、消防通道要求、健康标准、娱乐标准和运动模板、公用设施标准、责任参数以及限制，因为只有某些元素是由城市机构储备的，例如特定类型的路灯或铺路材料。因此这些程序只能创造实用的、同质化的地方，成为容易被人们遗忘的地方（图 5-5）。在城市中，我们通过新的建设或改造看到了无数不论规模大小的案例，在丰富的人类经验与效率和权宜之计之间进行权衡，这种权衡可能对自身有意义，但对人的参与、特色或场所营造的整体而言毫无意义。

公共空间尤其是街道所呈现出的沉闷品质，似乎现在已经被政府视为理所当然；这就是现状。人们似乎能应付得最好，抱怨得最少。他们排除了不和谐的因素，包括：高架公用电线、刺眼的标志、交通信号灯、狭窄破败的人行道和停车场的破旧边缘。虽然人们已经习惯了这些环境，但是这些不和谐因素对他们的生活仍然是一个持续的负面影响和普遍的刺激。如果我们想获得法规和标准所要求的公共领域的话，就需要能够改变规则，进而获得我们真正想要的公共领域。

当代公共领域的质量和多样性比当今任何时候都重要。公共领域的改进可以带来显著的竞争优势和环境效益。在现代城市，社会和经济发展是通过吸引人们到这个地方建立他们对地方的依恋和忠诚，从而进行推动的。在很大程度上，这种情况发生在你想去并可能会带走美好回忆的公共场所。我们清楚地认识到，随着密度的

图 5-5    在这个典型的现代郊区主干道路场景中,公共领域可能看起来是未规划的,但它仍然是政府退步、标志法规、官方建设和排水标准的产物。遗憾的是,这些在北美城市较新地区随处可见的地方是平庸和易被人遗忘的

增加,公共空间对宜居性和健康的贡献比以往任何时候都更加重要。高质量的公共空间已经被一再证明提升了私人财产的价值,在公共空间内步行、骑自行车和换乘也有助于平衡运输系统,降低道路和公路的资金成本,减少交通堵塞和过度使用汽车造成的燃料成本和空气污染。

最受追捧和成功的地方是那些效率高、风景优美、便利可达的地方。它们通常在一天的不同时间段提供混合功能利用、连续使用和可选择的使用。鼓励在公共景观中种植树木可以改善空气质量,公共广场和公园可以作为雨洪管理系统的一部分,同时还成为贯穿城市结构的自然生态系统。

我们将首先看一些在特定情况下产生了非凡场所的特定设计,将继续讨论令这些设计成功的原则,然后考虑如何在各地创造设计良好的公共环境。

## 修复中断的公共领域,尤其是侵入性的高速公路

什么是扰乱整个城市体验的最糟糕情况?在许多地方,这个问题的答案是高架铁路或高速公路。第二次世界大战后费城市中心的重建始于将高架铁轨移到市中心的老布罗德(Broad)街车站。当市中心轨道被拆除、车站被移回第 30 大街后,一个新的商业中心在这片土地上逐渐发展起来。在纽约,许多名为 Els 的高架交通结构穿过曼哈顿中心建设,带来了房地产的繁荣,尤其是沿第三大道和第六大道。最近,波士顿高架的中央动脉被 2006 年完成的"大挖掘"(Big Dig)中央动脉隧道项目所替代。这个项目是综合性公路重组的一部分,但对公共领域的改善是实质的;罗斯·菲茨杰拉德·肯尼迪(Rose Fitzgerald Kennedy)绿道是一个城市公园链,还

图 5-6　罗斯·菲茨杰拉德·肯尼迪绿道作为新的公园建在波士顿的"大挖掘"中央动脉隧道的上方。有些人可能觉得它的环境景观令人失望，但和以前被架高的高速公路相比，公园和街道是一个重大的改进

图 5-7　1999 年在弗吉尼亚州里士满建造运河大道是建设举措的一部分，该举措还涉及一个主要下水道管道的搬迁

图 5-8　得克萨斯州达拉斯的克莱德·沃伦（Klyde Warren）公园像建在高速公路上的盖子，将市中心的两侧连接在一起。它为新的发展创造了优雅的焦点

图 5-9　位于俄勒冈州波特兰的汤姆·马科公园取代了沿河边的一条主要道路，为市中心工人和附近居民创造了美丽的景色

有机会将市中心的街道网络重新编织在一起（图 5-6）。在许多其他城市已经进行了类似的公共空间改进，包括在弗吉尼亚州的里士满（Richmond）和印第安纳波利斯（Indianapolis）对旧工业运河系统进行的景观美化（图 5-7），旧金山用地面街道、广场和海滨长廊替代因地震而损坏的高架安巴凯德若（Embarcadero）高速公路；澳大利亚悉尼的跨城市隧道；在达拉斯高速公路上形成的新公园（图 5-8）；在俄勒冈州波特兰由于海港路的搬迁而创建的汤姆·马科（Tom McCall）滨水公园（图 5-9）。

## 首尔的清溪川

在韩国的首都首尔，一条溪流——清溪川流经城市的中心，城市在这条溪流的两边成长。但在 20 世纪中叶，由于多年的忽视和朝鲜战争造成的可怕破坏，溪

图 5-10　首尔清溪川的剖面图显示，看似简单的设计实际上是一个复杂的多用途工程，其中包括大风暴的紧急排水

图 5-11　重新改造后行人可达的首尔清溪川成为这座城市最重要的公共设施之一。将高架公路下的下水道改造成线性公园里的干净溪流，为所有城市提供了灵感

流只不过被作为一个敞开的下水道，因此城市当局决定将它用盖板覆盖起来。之后，这条被盖上的溪流又成为 1971 年完工的清溪高架高速公路的所在地。到 20 世纪 90 年代末，高速公路严重损坏以致大型车辆必须被禁止使用。高速公路还破坏了它周围的地区，并且限制了中央商务区的扩张，该区正逐渐被汉江南岸的一个新商务中心所取代。2002 年，当时首尔市的市长李明博决定不再维修公路，不仅拆除公路，还要拆除覆盖在溪流上的盖板，恢复水质，并创建长达 6.2 英里（约 10 千米）的公共设施。随着城市的发展，原有的支流格局已经发生了很大的变化，除了发洪水的时候，清溪川的水量还会因汉江水的泵入和地铁系统污水的排入而增加（图 5-10）。完成的项目于 2005 年开放（图 5-11），批评人士曾预言，拆除高速公路将导致灾难性的交通拥堵，但事实上交通系统适应了变化。城市中心的平均交通

速度降低了 12%，但是进入城市的汽车数量也减少了 19%，公共汽车乘客量增加了 10%，地铁乘客量增加了 9%。不仅空气质量有了很大改善，而且沿着溪流，高温天气的空气温度大幅度下降。[2] 清溪川是我们所说的关于生态设计的一个很好的案例，将良好的城市设计原则与自然景观的恢复结合在一起，尽管这种恢复需要一些人工手段。由溪流创造的新生态系统现在能支持多种鱼类的生存，周围的景观还包括各种栖息的鸟类。

## 马德里的里约

马德里的里约项目与清溪川相比更加雄心勃勃，因为它维持了高速公路的运营，并将其改建为地下公路。20 世纪 70 年代，马德里市中心的曼萨拿勒斯河（Manzanares River）两岸均修建了 M30 高速公路。从 2003 年开始，这条公路在河流两侧的混凝土箱或地下进行了重建，并举行了国际竞赛来选择公路上方公园空间的设计方案。竞赛最终由来自马德里的 Burgos & Garrido 建筑师事务所和来自鹿特丹的景观建筑公司 West 8 组成的团队获胜。沿河的公园链和公园景观的建设现在已经完成（图 5-12）。像这样的景观修复是巨大且昂贵的，可能会需要一代或更多代人来完成，但是它们可以改变公共领域和城市的体验和形象。

**图 5-12**　位于马德里市中心曼萨拿勒斯河沿线的马德里里约公园建在沿河两岸的高速公路上，现在已被混凝土结构封闭，纠正了 20 世纪 70 年代建设高速公路将城市与河流割裂的严重的城市设计错误

图 5-13 巴黎的种植长廊是对先前的文森铁路高 架桥的适应性再利用,是对 19 世纪铁路基础设施 适应性再利用的世界原型。这个优美的拱形结构现 在被画廊、商店和艺术相关用途所利用,使其成为 "艺术之旅"

图 5-14 巴黎高架桥顶部的花园对城市来说是一个郁郁葱 葱的装饰,雅克·韦格里和菲利普·马蒂厄是这一景观的设 计师

## 将高架桥转为公园

拆除废弃不用的高架桥并将其重新用作线性公园,在没有多少公园的地方增加 一个连续的开放空间可能比拆除建筑物所产生的光和空气更有价值,许多城市正在 考虑将未使用的高架结构作为公共领域一个活跃部分的可行性。

### 巴黎绿化步道

高架铁路适应性再利用的原型是巴黎的绿化散步道,建在文森(Vincennes)铁 路线以前的高架桥上(图 5-13),这座旧的高架桥很漂亮。沿着桥底部的拱门填满了 商店,商店将拱门与两边街道上的建筑联系起来。设计目标是将餐厅、画廊、工作 室和其他与艺术相关的商业场所填满整个空间,使之成为"艺术的高架桥"。景观建 筑师雅克·韦格里(Jacques Vergely)和菲利普·马蒂厄(Philippe Mathieux)沿着 高架桥设计的景观就像一个传统的公园(图 5-14)。

### 纽约高线公园

在曼哈顿下西区,一条为早已消失的码头和海滨仓库服务的、废弃的高架货运 铁路似乎注定要被拆除,直到它被改造成现在著名的高线公园(图 5-15)。居民和 建在旧仓库中的商户喜欢那些在废弃的铁轨上生根发芽的树木和植物,能够带给人 一种穿越大自然的感觉。在约书亚·戴维(Joshua David)和罗伯特·哈蒙德(Robert Hammond)的领导下,一个名为"高线之友"的组织于 1999 年成立,旨在筹集资 金进行改进,并倡导建立一种新型线性公园。最终,纽约市政府通过提供 5000 万

图 5-15　从纽约市高线公园 20 号街向南看到的景象。公园的设计者认识到该地区的工业起源，虽然现在已经混合了旧仓库和昂贵的新开发项目，它成了建在缺少生活设施地区的绿色脊骨

美元的公共资本资金，创建了一个特别的分区区划，允许开发商购买部分高架桥的空间权益并可以改变高架桥沿线的开发，为这个公园的恢复和发展提供资金，也有来自私人捐助者提供的大量捐款。该设计是由迪勒·斯科菲迪奥 + 伦弗鲁（Diller Scofidio + Renfrew）建筑师事务所和詹姆斯·科纳（James Corner Field）景观建筑师事务所共同完成。第一部分于 2009 年开幕，第二部分于 2011 年开幕，第三部分于 2014 年完成，连接北部第 30 大街铁路码头的大规模开发项目。

高线公园当然体现了我们在本书中强调的许多原则。这是一项重大的设计干预措施，正在改变城市的整个区域，它将自然环境的元素带回到这一片几乎完全由构筑物组成的区域。这是一个巨大的成功，大批游客和许多新建筑被吸引到这个仍然保留着其工业历史的许多特征的、越来越时尚的地区。

### 芝加哥布鲁明戴尔小径

在芝加哥，布鲁明戴尔（Bloomingdale）公园和小径是由迈克尔·范·瓦尔肯伯格合伙人事务所（Michael Van Valkenburgh Associates）设计的，沿着一条旧高架桥共计 2.7 英里（约 4.3 千米）长，这条高架桥与城市西北部布鲁明戴尔大道平行。该设计旨在最大限度地实现与地面街道和公园的连接，并将提供各种空间和活动。

### 将滨水区转变成公园和社区

集装箱运输使许多传统的城市码头变得过时，因为这些码头没有足够的土地面积来储存集装箱，然后再将其转移到铁路线或卡车上。由于铁路运营的合理化努力

图 5-16 从布鲁克林大桥看到的景象，展示了建成的布鲁克林大桥公园一期。在背景中，建在原有码头结构上的游憩建筑也开始动工。公园的整体建设是由迈克尔·范·瓦尔肯伯格合伙人事务所负责的

以及降低货物进出和仓储成本的要求，曾经占据航运运营附近重要滨水地带的城市内部铁路站场现在也被距离城市中心远得多的站场所取代。许多城市现在已经将这样的滨水区重建为公共公园、海滨广场或者全新的社区。

## 布鲁克林大桥公园

从工业滨水区向公共用途转变的一个特别有趣的案例是曼哈顿下城对面的布鲁克林大桥公园。该案例在规划中将可以变为自然景观的高地地区和可以重建更密集娱乐功能的码头结构进行了区分。由迈克尔·范·瓦尔肯伯格合伙人事务所设计的总体规划将滨水区和码头分配了不同的功能。公园的结构是分层的，现有的布鲁克林皇后快速路建在一系列悬臂式结构上，著名的布鲁克林高地散步道建在高速公路之上。滨水层面的弗曼（Furman）街过去是到达码头的通道，现在将建设公寓楼，房地产项目收益的资金则有助于支持公园的建设。公园内的大量地块是为了屏蔽高速公路产生的噪声而建设的，码头上还建造了轻体的景观和构筑物（图 5-16）。

## 纽约炮台公园城和温哥华福斯湾北区

现在在每个城市和郊区，都有机会改造不再有效使用的工业和商业用地。有时，

图 5-17　合成的组约炮台公园城的全景照片：住宅市中心滨水区的高档住宅区，附近有金融部门的工作

图 5-18　温哥华的福斯湾北区，它作为亲切的新海滨社区改变了整个城市的形象

沿着海滨有足够的土地来规划和开发一个全新的地区，而单一所有权下的其他大片土地，也许是一个旧货场、一个空置工厂或一个关门的购物中心，也可能是一个可以重新创造自然景观和带来新功能的机会。有时虽然出于很好的经济发展原因会保持空置工业场地，但是发达城市地区的土地经常会被浪费。曼哈顿下城的炮台公园城（Battery Park City）（图 5-17）和温哥华福斯湾北区（False Creek North）（图 5-18）都是提供了有益经验教训的大型滨水开发项目，说明了公共领域在创建城市成功新区域方面的重要性。

在这两个开发项目中，炮台公园城占地 92 英亩（约 37.2 公顷），相比福斯湾北区的 166 英亩（约 67.2 公顷）的开发来说规模较小。炮台公园城的建造始于 20 世纪 60 年代，当时建设世界贸易中心双塔需要挖掘地基，但是并不是将土和岩石运走，而是用来帮助开辟新的土地以取代哈德逊河沿岸贸易中心场地以西的废弃码头。为了开发炮台公园城，纽约州创立了一个公共机构，名为"炮台公园城协会"，并由该协会拥有土地的所有权。

福斯湾北区建造在废弃的加拿大太平洋铁路站场场地上，这片土地由不列颠哥伦比亚省购买，作为 1986 年世界博览会的举办地。博览会的举办使得公众得以进入福斯湾北侧，在此之前，福斯湾一直是一个纯粹的工业区。博览会闭幕后，这片海滨地块被出售给一家私人国际开发公司——协和太平洋集团（Concord Pacific Group），该公司与温哥华市密切合作，设计和建设这一地区。

炮台公园城最初规划在大型超级街区上建造一系列大型建筑，公共区域限于沿河的一系列狭窄的广场，并与纽约市协商以满足其公共通道的需求。福斯湾北区开发商原来的规划没有被温哥华市批准，其建议在温哥华已经建成的地区附近开辟一个运河，使新的开发项目成为一系列独立的岛屿。在这两种情况下，最终的规划都出现了逆转，受到了公众的欢迎。

炮台公园城于 1979 年在原来的项目遇到经济困难后，由库珀—埃克斯图特（Cooper-Eckstut）公司重新进行设计。图 5-19a 所示为重新设计的街道和滨水区结构的概念图。该图将新的开发与曼哈顿原有的主要街道——历史悠久的百老汇联系在一起。城市中心最重要的街道与百老汇相连，并直接延伸到新的滨水开发区。由于现有西部公路的影响，不可能把所有的街区都连接起来。炮台公园城内的街区如图 5-19b 所示，其设计尺寸与附近的主要历史街区相似，并且沿着三条新建的南北向大道组织，设计成聚焦于纽约港对面自由女神像的景观。滨水区在重要的位置形成海湾，还有一个公共广场。不将街道计算在内，炮台公园城总计有 36 英亩（约 14.6 公顷）的公园和公共开放空间服务于市场价格的住房和办公楼。

现在被称为福斯湾北区的地方，最初开发商在开发计划中称其为"协和太平洋广场"，它是由一个真正综合、公私合作的多学科城市设计师和规划师团队编制的，协和太平洋团队由郭士丹利（Stanley Kwok）领导，主要设计师包括里克·赫伯特（Rick Hulbert）、格雷厄姆·麦加尔瓦（Graham McGarva）、巴里·唐斯（Barry Downs）、约翰·戴维森（John Davidson）和詹姆斯·程（James Cheng）。公共团队包括在温哥华市所有部门，由规划部门领导。[3] 没有使用特别授权。相反，虽然这家私营公司拥有并将开发这片土地，却完全依据与城市签订的建设权开发协议进行建

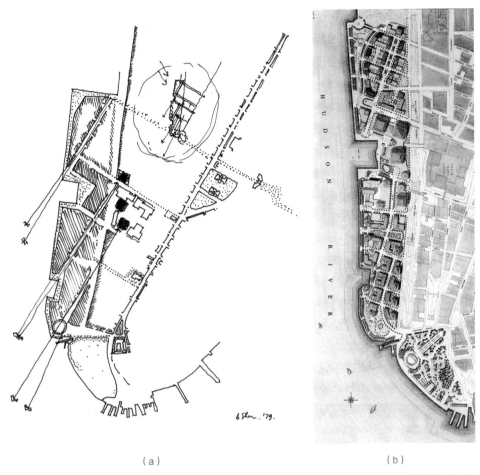

（a）　　　　　　　　　　　　　（b）

图 5-19　（a）为炮台公园城的规划图示。此图显示了与现有街道的连接网络，为反映曼哈顿网格规模的分区建立了一个框架，正如在完全开发的说明性规划（b）中所示。规划师和城市设计师为库珀－埃克斯图特公司。图片由布瑞恩·谢亚（Brain Shea）绘制

造。1990 年，城市议会批准了一项全面的官方发展计划（图 5-20），包括许多个人履约协议。由此公私合作延伸到之后数年的详细规划和区划，并伴随着实施私人开发和公共领域发展。街道和公共开放空间规划将现有的主要街道从邻近地区扩展到开发区，周围的街道——太平洋大道是一条很容易穿过的传统林荫大道，可以实现在新旧地块之间进行无缝连接。整个滨水区都是沿着线性公园对公众开放的，这是大海堤概念的一部分。自行车、慢跑和步行道沿着市中心的大部分滨水区延伸。规划中的主要节点都有海湾和公园，除去街道和滨水步行道 / 自行车道，在福斯湾北区共有 42 英亩（约 17 公顷）的公园和公共开放空间为市场和非市场住房以及一系列小社区中的混合用途开发项目服务。

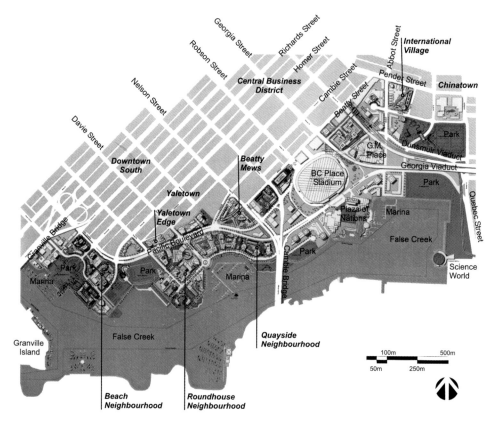

图 5-20　温哥华福斯湾北区的规划表明了新区域为何是现有内城的延伸，其增加了一个不仅服务于该地区而且还为附近居民区服务的超级设施

## 公共领域的结构原则

　　炮台公园城和福斯湾北区大规模规划说明了公共领域结构和设计的一些重要原则，无论是在城市，还是在郊区创建新的公共领域，都是适用的。

### 注重小街区建设

　　街道系统需要相对细密化，存在许多交叉点，这样就可以从私人用地到公共领域具有最大的可达性，因为这种可达性极大地提升了房产价值。细密化的街道系统对于行人来说也更安全，并且鼓励社会交往。在炮台公园城和福斯湾北区，每个人都生活或工作在一个有吸引力、交通便利的公共场所附近。作为被否决的这两个项目原始规划的一部分——现代主义的超级街区概念确实节省了一些土地用于街道建设，但事实证明这是一种错误的经济，因为它限制了公众参与和对话的空间。设计师必须记住的平衡规则是使街道系统尽可能细密化的同时，还要保持开发地块足够大，以便为不同类型的用途提供适当的建筑用地，并为地下或建筑基地内的功能性停车场布局提供足够的空间。在俄勒冈州波特兰的市中心，有一个 300 英尺的街区网络（各边均超过 90 米）经常被认为是很好地兼顾了这一问题。

## 保持连通性

街道系统需要的是一个相互连接的网络；一般来说，连接越多越好。我们通常在许多最近的大型开发项目中看到的、从通勤街道进入该地区只有一两条路的模式应该避免。街道应该有足够的连续性，以便为许多不同的路线提供选择。应该有不同规模和承载能力的街道等级，但是这种等级不应该妨碍任何一条街道的灵活使用。街道系统内的交通需要全天进行管理，甚至事前安排，从而能够最大限度地加以利用，并且在一天的任何时刻处理其对街道空间的使用。街道网络不必在所有时间和所有地方容纳所有的模式，但是它需要尽可能地促进所有模式的自由流动。尽端路在某些地方可能是适当的。在炮台公园城和福斯湾北区，一些道路会通向滨水区的公共空间入口，为行人而非汽车提供方便。

作为一项更加普遍的原则，通过在关键位置移动汽车设定一些限制以减少对居民交通的影响被证明是合理的。虽然可以有限地在郊区设置尽端路，在城市设置街道障碍物或交通管理设备等，但不应切断其他交通方式的流动。在障碍和开放之间寻找平衡从而为人们提供舒适和方便，这是一门艺术。相反，为了保证街区网络的连续性，有时谨慎的做法是即使尚未分配使用权，也应保持通行权。这样的路权最终是为运动功能而设计的，可以在短期内用于景观走廊或小型公园，也可以只是休憩。该系统的潜在连续性为将来可能需要的任何使用提供了灵活性，因为在开发完成后再向街道网络添加新的元素可能非常困难。

## 优选双向的街道

最好使用双行街道模式而不是单行模式，在通勤高峰时段可以加快汽车在城市的进出。单行街道限制了房屋的可达性，从而限制了房屋的使用效率甚至其价值。双向街道通过减缓交通速度来促进行人的安全，以及提升零售商店的可见度。

## 创造多用途街道

街道需要允许多功能用途，艾伦·雅各布斯（Allan Jacobs）在其颇具影响力的著作《伟大的街道》和《林荫大道》[ 与伊丽莎白·麦克唐纳（Elizabeth MacDonald）合著 ] 中对此进行了充分的探讨。雅各布斯建议，一条功能良好的街道应该满足人们

图 5-21　曼哈顿炮台公园城南部城市大道容纳了各种交通，对于行人来说是非常安全的

的所有需求，但任何一个需求都不应该支配所有其他使用者，也不应该被允许将用户推出街道以外。他的主要观点是每个人都必须做出一些妥协。[4] 在炮台公园城和福斯湾北区，除了西部大道和太平洋大道，其他道路的交通量很少，因此当地街道是为多用途而设计的，交通控制设备使用最少。如图 5-21 所示，炮台公园城的南端大道可以容纳双向交通、一个乱穿马路的行人和一辆转弯的送货卡车，所有这些情况都没有困难。这类街道上涂有油漆的安全区表明，通常每个方向只有一条车道，道路上没有交通信号。该理论认为，人们越是区分每种模式的路权，越会出现某种模式的主宰空间，人们对其他模式的关注和尊重就越少。行驶的速度和草率会造成事故和危险，混合模式减慢了交通并增加了每个人对其他人的关注。在密度较低的福斯湾北区码头区的滨海新月社区附近的戴维（Davie）街，有一个同样低调的街道管理系统（图 5-22）。温哥华的格兰维尔岛（Granville Island）设计是这种混合交通管理的一个早期案例，这个拥有工作、教育和商业功能的公共聚集空间由诺曼·霍森（Norman Hotson）设计，具有无缝的公共领域，任何情况下人们都可以进入建筑墙与墙之间的所有公共区域（图 5-23），这种情况自 20 世纪 70 年代以来一直存在，从没有发生过一起重大事故，而且公共空间领域及其附近的商业蓬勃发展。当然，不是所有的城市街道都能以这种灵活的方式进行设计，但这种设计确实适用于某些公共领域，在这些公共领域中，步行、会议、娱乐和社交交流相比于汽车的到达和移动来说同等或者更加重要。

图 5-22　福斯湾北区的戴维街中央有一个行人缓冲区，从而使行人过街更加便利，同时街道也容纳了大量的自行车、短期停车、汽车和货车。这种场景体现了温哥华的行人和骑自行车的人在街道上的优先权

图 5-23　温哥华的格兰维尔岛例证了具有汽车和行人的公共领域与工业、商业和文化可以进行混合。这是一个充满活力的地区，自从 20 世纪 70 年代建成以来，在墙与墙之间的通行权范围内没有发生过严重的事故

## 用建筑物定义公共空间

　　空间需要清晰的边界，才能被理解和记忆为空间。街道和公共空间因为周围建筑墙的围合而实现了一种可以让人们轻松感觉到的三维形式。这一原则可以追溯到传统的城市设计中，比如在巴黎孚日广场（Place des Vosges）（图 5-24）。这就是为什么与人行道或公园边缘密切相关的建筑立面对街道和公园形象都很重要。炮台公园城和福斯湾北区的规划都包含了建筑布局的指导原则，要求它们将建筑物墙壁的一部分置于前面的建筑红线，但是它们以非常不同的方式来实现。

　　炮台公园城导则是仿照纽约上东区典型的城市街道建立的。人行道两边的建筑有 10～11 层高，其中有些可能会沿建筑红线进行后退，或者有时只是沿着建筑的立面有一条"装饰线"，使其在水平方向上具有辨识度。这些建筑的底部在最初几层用石头一样的材料覆盖，与典型的纽约城老建筑一样，然后才用砖砌成。如图 5-21 所示，可以看到这些导则在建筑上的应用，虽然在南大道末端的办公楼响应的是另一系列不同的导则。但是，总的原则是我们不要试图创造新的东西，而是用那些我们知道会起作用的东西。

　　福斯湾北区导则正在尝试一种更加放松的社区关系，与附近的温哥华模式保持一致。建筑物是塔楼和所谓的"街道墙"裙房结构的组合，这种配置也成为温哥华首创的公共政策（图 5-25）。一般来说，建筑物的底层有 3～5 层高的裙房，其中可以包含商店、联排别墅和健身俱乐部，也许还有游泳池，有时还有一个核心停车场隐藏在背面。裙房为街道和开放空间提供了封闭的空间。通常沿街建筑是独立的联

**图 5-24**　17 世纪建成的巴黎孚日广场是一个说明如何通过单个建筑形成连贯的公共空间环境的典型
案例。它有一个从来没有失去自身风格的强有力的可识别性，并且能够不断保持其经济和社会价值

**图 5-25**　温哥华的城市设计导则率先推出了裙房 / 点式高层建筑形式。在高密度的点式高层增多的
同时，提供了一个具有很强一致性和活跃的"街道墙"，并且也没有阻断光线

图 5-26  这个由詹姆斯·K·M·程建筑师事务所为温哥华福斯湾北区的码头社区所做的规划显示了较低规模的裙房楼是如何围绕私人庭院来塑造街道和海滨人行道／自行车道的公共领域的。社区中战略性布置的点式高层承担了社区的建筑密度

排别墅，所以在建筑红线处有一段露台作为公共人行道和私人住宅之间的一个缓冲区。图 5-26 为詹姆斯·K·M·程（James K. M. Cheng）建筑师事务所绘制的平面图，展示了导则是如何塑造滨海新月社区的公共空间和建筑物的。从街上再向下走几步是沿街的公共步行道和自行车道，室内庭院是私人的，被抬高至街道上方几层楼高。即使没有街道，但是在建筑群之间同一水平面上设有公共通道。整个平面布局显示出如何利用建筑和景观元素来封闭和组织空间。街道墙的高度和 3 ~ 6 层楼高的围墙空间可以方便地为人行道上或空间中的人们提供一个舒适空间。通过长期的经验可以发现，相同的街道宽度和边界墙高度所提供的比例与人们的喜好是相符合的。

对于公园来说，重要的是要进一步通过公共街道或人行道的围绕来明确公共领域，而不是使其直接从私人街道或人行道延伸出去不进行分离。我们倾向于将离我们很近的空间私有化，特别是如果它没有其他明显的使用者时。有时候，我们需要找到一种方式来表明空间是真正对每个人开放的公共场所。这可以通过设计一种开放的、欢迎进入的感觉来实现。与房间一样，如果开放空间具有舒适的比例和人性化尺度的话，我们就会认为它们更能令人愉快。在炮台公园城广场的南端，种植树在一个大的公共空间内营造出一种封闭的错觉（图 5-27）。福斯湾北区的大型公园至少可以从两侧的街道、公共走道和其他海堤进入（图 5-28）。

**图 5-27** 在曼哈顿炮台公园城广场的南端，包围这个公共空间的树木塑造了一个在郊区甚至是在农村公园的错觉，虽然它是在一个非常密集的城市环境中

**图 5-28** 位于福斯湾北区的戴维·朗公园以公共道路、土地边缘街道和海岸线的人行道/自行车道为边界。图片中的场景是典型的温哥华海滨公园景象，公园内很少有私有化的边缘

## 突出的地标与寻路

以个人感受作为利益的出发点来看，除了简单的休息外，公共空间还应满足几个关键需求，以帮助我们辨识方向和获得幸福感。公共领域的设计对我们了解身处何处以及找到周边的道路有着重要的贡献。诚然，标志对寻路有着重要的意义，但是设计则可以更进一步，它都是关于地理记忆的。我们从地标上记住位置，从特定地点的清晰特征来记忆地点。如果它触及我们内心深处所关心的东西，我们就会记住它的位置。有很多方法可以让一个场所令人难忘。图 5-29 所示为达拉斯的某地，人们住在这个社区的时候从来不会找不到自己的位置。难忘的场所能够促进我们的归属感和根源感，能够赋予我们称之为邻里的更大环境的意义，这种根源感加强了我们对自身的定义。

在炮台公园城和福斯湾北区，场所感是通过一系列公共空间营造的。在炮台公园城中，景观建筑师劳里·欧林（Laurie Olin）设计的作品是一个经过精心设计的滨水步道，它沿着水面提供了一条开敞的通道和一些幽静的、树荫遮蔽下的空间（图 5-30）。福斯湾北区由景观设计师唐·沃恩（Don Vaughan）提出概念设计，由唐·沃里（Don Wuori）进行详细设计，设计中提供了几个大型公共空间，尤其是戴维·朗公园（David Lam Park）和乔治·温伯恩公园（George Wainborn Park）（图 5-31），通过连续的滨海步道/慢行系统形成了整个社区可辨识的中心。在炮台公园城，通过建

图 5-29 这个位于得克萨斯州达拉斯市莱克伍德 （Lakewood）社区的历史地标为这一地区提供了清晰的辨识度与方向性，没有人会在这个社区中迷路

图 5-30 曼哈顿沿炮台公园城的滨水步道可以欣赏到壮观的景色，为行人提供了宽敞通道和与之临近的隐蔽空间

图 5-31 滨水步道 / 自行车道或多或少都沿着水边而蜿蜒地穿过福斯湾北区，但是这里所有的岸线都是在公共所有与管控之下的。这条休闲步道连接了温哥华市内大多数滨水公园和社区

图 5-32 在曼哈顿的炮台公园城，有许多金融大厦围绕着游艇码头建立。这一设计将建筑分离开来，提供了风格化的场景，并打造出了强烈的辨识度

造一系列的大型办公建筑形成中心地标来反映这里与华尔街金融中心临近。金融大厦聚集在游艇码头周边建设（图 5-32），这或许解释了金融业长久以来存在的一个问题——客户的游艇都停在哪里？在地面层上，空间是由混凝土与石质平面明确划定的（图 5-33）。福斯湾北区的滨水步道 / 自行车道是一种延伸出来的空间组织，在空间和临街建筑之间有更为直接的相互关系（图 5-34），方向则是由横贯这一区域的桥梁和沿海岸线与开阔水域交替的码头来引导（图 5-35）。

图 5-33  在曼哈顿炮台公园城游艇码头的地面，公共空间的边界通过建筑铺装与设施实实在在地勾勒出来。这一设计加强了功能的活力，并为这个区域赋予了独特的魅力

图 5-34  福斯湾北区的滨水步道/自行车道沿途远离公园的建筑，为市民在居住与公共使用方面提供了强烈的引导，同时也提供了对温哥华难忘的印象

图 5-35  温哥华福斯湾北区的方向感通过主要的桥梁来确定，桥梁横跨了所有的活动，修饰了受保护的开放水域视野之间岸线的船坞

## 公共领域的渐进式改进

　　大型场地的综合再开发创造了一个机会，可以将各种类型和规模空间的先进理念在公共领域试验和实施，因为土地所有者很少能参与其中，而且在使用空间方面

也较为自由。因为我们的大多数城市已经建成，所以改革过时的标准和改造现有的呆板空间至关重要。

当今的城市公共领域有着强烈的需求，需要对其特别关注，因此，深思熟虑且明确的设计是必不可少的。如果我们能够有效意识到的话，经济、社会和环境方面的迫切需要和机遇是可以使围绕这些公共领域的整个城市生动地焕发生机。我们有机会通过制定一些不同寻常的方案来使周边的区域变得独一无二。我们有许多办法可以重新利用空间来填补人们在城市景观中感知的缺失。对现有场所进行渐进式的改进可以从明确了解我们的计划和目标开始，这不仅是为汽车设计的，也是为行人以及人们所进行的各种活动而设计的。要做到这些，记住城市的一个基本事实是很有益处的，那就是首先并且最重要的是，城市是一个可以步行的场所。

## 生活发生于步行

关于公共领域重要性的基本阐述是丹麦建筑师扬·盖尔（Jan Gehl）提出的生活是从步行发生的。[5] 当你从一个地方经过枯燥和不友好的环境而走到另一个地方时，盖尔称之为必要性活动，你会尽你所能快速地到达你的目的地。而如果你经过一段有趣且经过精心设计的环境，那么你有可能会从事一些"选择性活动"：你可能会驻足观看商店的橱窗，坐在树下的长椅上小憩，抑或是停下来在咖啡馆喝一杯咖啡或饮料。甚至即使是匆忙之中你一定也会记着在未来从事这些活动的可能性。这些"选择性活动"转而衍生出了"社交活动"：你计划在周边闲逛并遇到别人共进午餐；你会遇到认识的人并停下来交谈；你可能还会和陌生人短暂地交谈。你会找到社交的机会与商业的机遇。反过来，这些社交行为又促成了更好的公共空间，形成了一个良性的因果循环。我们期望能够在欧洲找到这种场所，图 5-36 所示的巴黎皇家宫殿的花园景观。扬·盖尔曾对斯堪的纳维亚的许多城市以及伦敦、悉尼、墨尔本和纽约等地的公共空间和规划进行过研究。依据他的观点，这些经历与邂逅是城市生活的一切，而这一切只有在行走的过程中才能发生。互联网的使用并没有改变盖尔的分析。他认为他的研究表明越来越多的网络空间使用加强了对公共场所的需求，特别是如果有无线网络，也加强了步行的倾向。

步行是健康生活方式的根本基础。如今流行的肥胖症部分原因就是由我们不健康的饮食习惯和日益增长的久坐生活模式造成的。据卫生官员预计，每天只需要半个小时的中等强度运动就能为我们的健康带来显著的好处。步行就是被定义为中等强度的运动选项之一，适于步行的社区可以满足日常的锻炼需求，使之成为日常活动的一部分，而无须特意计划或者花费额外的精力和付出。不列颠哥伦比亚大学的

图 5-36　巴黎皇家宫殿的花园实现了扬·盖尔主张的步行可以创造随意的偶遇与吸引人的体验与记忆的主题思想。这里是绝佳的只能通过步行到达的会面场所、集会场所与游乐场所

规划师兼研究员劳伦斯·弗兰克（Lawrence Frank）已经确定了适宜步行的场所与更好的健康之间的一系列相互相关性。[6]

　　步行是我们对理想城市整体体验的基础。对于市政当局来说，步行也是一种能够从中收获大量益处的最廉价的投资方式。在大部分社区中，步行得到的关注很少，得到的资金甚至更少。如果你比较一下几乎任意一个市政当局每年在汽车、运输、骑车和步行等交通方面的投资，很明显步行是受到冷落的。如果你看一下任何城市交通方式相关法律、标准与法规的水平，你就会发现步行的标准几乎都没有详细的说明，因为步行本身没有被考虑到。与交通规划、公交规划和自行车道系统相比，一个现代城市有多少步行道规划呢？一个有趣的例外是鹿特丹的提高步行能力计划，称为"城市休息室计划"。这个项目运用巧妙的品牌战略，通过集中精力创造让人们步行想去和留在那里放松的空间来强调步行。

## 步行与公共空间优于车辆

　　纽约市长迈克尔·布隆伯格（Michael Bloomberg）在 2007 年发布的《纽约2030 年规划》中将改善交通与街道景观放在了首位。项目在纽约城市高效交通官员珍妮特·萨迪克·汗（Janette Sadik Khan）的领导下进行实施。扬·盖尔因为在 2008 年《世界级街道：重塑纽约的公共领域》（World Class Streets: Remaking NYC's Public Realm）一书中发表的研究成果而被邀请前往纽约，他将百老汇这条穿过曼哈顿市中心的对角线街道改造成百老汇大道，这是此项研究中最重要的成果之一。设计利用了百老汇大道与常规方格网道路相交形成的三角形空间，创建了一系列延伸的广场与步道。该项目也重新组织了百老汇大道上的交通，增加了自行车道，并使联合广场与哥伦布广场之间的交叉口合理化。

百老汇大道的设计提案由纽约市交通局发布。第一步就是在 2009 年，将百老汇 42 街与 47 街之间的区段完全封闭，图 5-37、图 5-38 所示分别为关闭街道之前与之后的照片。接下来封闭的是 33 街与 35 街之间的区段，关闭前后的对比如图 5-39、图 5-40 所示。起初，这些全新的公共空间只是试验性的，但正是因为这些重新涂刷的街道表面、种植的植物和廉价的草坪家具使这些公共空间很快就受到了公众的欢迎。十字路口和第七大道与美国大道（第六大道）附近路段的交通流量略有改善。百老汇的封闭区段与其他街巷相交叉的地方本是危险地带，但如今交通事故数量也已经大大减少了。随后的一年，由于公共安全、土地价值和零售活动的增加，这些封闭区段被永久性地保留下来，且无须证明这种变化是一种美学上的改进。奥斯陆和纽约的斯诺赫塔（Snohetta）建筑师事务所被选中设计时代广场的永久街道景观和新的步行广场空间。设计从街道临时的封闭区段与可移动的设施开始，意味着在这些改变通过考验、项目赢得公众的承认之前，行政部门不需要市议会批准重大公共支出。甚至在临时改变前，城市与包括商业改善区和社区规划委员会在内的组织举办了多次情况介绍会。

盖尔不久前还成了莫斯科市长的顾问。莫斯科历史中心区的公共领域一度和其他古老而优雅的城市一样，如今已经完全被停车和车行通道侵占，到了步行者要努力寻找通路并受到来往机动车对人身安全造成威胁的地步。这样的公共领域已经成了步行过程中的障碍。盖尔建筑师事务所留下来致力于对莫斯科中心地区的公共生活与公共空间进行常规分析，观测夏季与冬季的环境情况。盖尔用一句话总结道："共产主义赋予我们的自由不意味着随意在人行道上停车。"[7]

盖尔的建议正在开始付诸实施。时尚的特维斯卡亚（Tverskaya）大街上已经禁止停车并陆续种植了更多的行道树，广告牌比之前少了很多。对比 2011 年和 2014 年的莫斯科人行道，二者的体验形成了显著的对比。与此同时，莫斯科的代理副市长马拉特·库努林（Marat Khusnullin）在任期间曾表示，莫斯科市愿意放弃一些室外街道广告招租带来的利润，并且愿意在取消停车位时处理公众的反对意见；他还表示："莫斯科的人均道路数量低于世界上任何一个大城市的 1/5 ~ 1/3，所以我们不能

图 5-37　在纽约，扬·盖尔的建议引起了街道与区域的另一改进——那就是将百老汇大街在时代广场路段除了步行以外的一切交通都封闭。此图是时代广场在交通封闭前的景象

图 5-38　在纽约时代广场，令人愉悦的步行与休闲活动繁盛起来。在封闭街道内只需按道路标识前进

图 5-39　从时代广场出发沿着百老汇向南的纽约先驱广场，之前在百老汇的这一段路上也禁止交通

图 5-40　这个纽约先驱广场的景象显示，通过战略性的街道封闭，单单使用油漆、标志和廉价的室外设施就能使其充满活力与能量

简单地封闭现有的道路，让居民快乐地到处走，这样只会使城市瘫痪，并造成交通崩溃。"[8] 很遗憾，他的说辞和很多其他国家的公职人员没差多少。尽管如此，莫斯科在为步行者挽救公共空间方面所做的努力还是取得了越来越多的成就。

## 公共空间的社会需求——体验维度的最大化

无论是个人、团体，还是集体，对公共空间的要求都很高。在现代城市中，我们身边有很多人对情感需求麻木不仁，无论是作为个人还是在与他人的关系中。当我们寻觅更多交易而非简单的交换的时候，这种不敏感与消费水平相关，导致我们在与城市场景的互动中对所谓的设计城市的体验维度的需求。这些体验在心理层面上与我们个人和集体的更普遍的幸福感有关。在这座城市疯狂的现实中，能够在一系列公共空间中行走既可以为人们提供喘息的机会，也可以提供比以往任何时候我们都更需要的

图 5-41 在伊斯坦布尔的这个新地区，人们相互联系和社交的机会被精心地融入城市设计中，并被建筑所强调

人际交往的潜力。因此，想要平衡日益加快的生活节奏，社会对公共领域的需求尤为重要，这种需求与我们个人和群体的心理需求是息息相关的。正是在公共领域，我们才能应对如此普遍的，同时也是莫大讽刺的疏离感和孤立感，因为周围的人和我们如此接近。城市中的许多地方把我们分开，以至于许多人感到与周围的环境、与彼此之间，甚至可能与自身的内心世界脱节。人行道、公园和其他类似的场所可以给我们重新建立连接的机会，但是它们必须以这样的目标进行设计（图 5-41）。公共空间不仅是将城市中物质性的事物聚集在一起的某种东西，至关重要的是它还有助于一起保持个人的自我意识，使一个群体团结在一起，最终将整个社会团结在一起。如果我们的公共领域是为我们服务的，我们就是受益者；反之，我们就会受到消极的否定。正是这种对公共领域的终极设计挑战，才是生态设计的核心所在。

在群体或集体层面，人们对公共空间的需求更高。公共领域是为了会面和社会交往而设置的场所，既有重新规划的，也有自发的。公共领域是经济交流的场所，但是更根本的，它是我们共同追求日常生活、建设社区社会资本的场所。公共领域是休闲的社交聚会场所，更是大家聚集到一起发表社区观点、庆祝或抗议的场所。当然，我们利用公园和开放空间进行有组织的和随意的娱乐休闲活动，健康和娱乐需要户外时间，这也是地方政府管理此类场所的一大重点。在公共领域，我们还有很多其他的事情要一起做，因此需要在设计、布置、管理、维护和规划等方面上予以考虑。生态设计的一个重要方面就是要包含更完整的、符合人们多样化创造性追求的社区活动领域，从而将所有这些群体活动舒适地植入公共领域中。要做到这一点，需要不同尺度空间的公平布局、不同的景观与设施布置、不同的使用领域以及活跃、多样的规划。

## 促进形成第三空间

在个人层面上，我们在可能满足或不满足需求的私密空间中生活与工作，通常这些空间是按照相关标准进行个性化设置的标准空间。在核心城市中，这些空间多为小尺度空间。对于住宅来说，业主可以定制空间，但是租客只有有限的选择。对工作空间来说，我们中大多数人的感受只是每天进入由别人所有并控制的场所逗留；我们经常感觉受到公司的控制。如果我们有足够的资金，那就容易多了，这是因为无论我们身在何处，都可以努力表达自己，能够通过花钱，比如喝点儿饮品或吃点儿食物，到达雷·奥尔登堡（Ray Oldenburg）所说的"第三空间"中去。[9] 在家和工作以外，"第三空间"是创造出社区文化的场所，也是有着与人交流的行为、有乐趣和有认识别人可能的场所。奥尔登堡把社区中心的小餐馆、咖啡店、书店、酒吧、发廊和社区中心其他聚集的场所统称为"伟大的好空间"。因此，我们在牢记这些地方需要人们消费的同时，也应该促成第三空间的形成。公共领域是为所有人存在的，任何人都可以参与其中。它是我们每天生活的一部分，提供了路径与通行的潜力。公共空间必须通过进行明确的配置与完善来容纳其社会功能（图5-42）。

图5-42 被雷·奥尔登堡称为城市"第三空间"的是人们聚集和创造社会和文化并且超越家庭和工作场所的重要空间，而没有足够此类地方的城市将会停滞不前。这个惹人喜欢的典型街道场景在巴黎有成百上千个，人们也因此爱上了巴黎

## 保障安全性与最大可达性

城市中的公共领域必须是安全的，而安全是建立在共享使用的基础上的。当然，安全是在现代城市中通过有效的警力与安保来获得的。生态设计还应包括被称为 CPTED 的原则，这是通过环境设计避免犯罪行为的简写，这涉及透过空间设计来寻找出诸如黑暗的隐蔽处和死角等应当对滋生犯罪与反社会行为负责的空间。这一方面开展的研究如今已经发展成为当代设计中的一门完整的科学，并能够给公共区域安全感带来重大影响。适当地增加照明也能带来很大的改变，在某些情况下，甚至仅仅是古典音乐也被证实能够孕育出一个更安全的场所。最好也是最可靠的安全来源于在一个空间里增加其他人，这就是咖啡馆和其他形式的商业变得如此重要的原因，同时这也是公园中经过计划的活动议程如此重要的原因。公共领域还应具有可达性。由于生态设计包括满足普及和无障碍的需求，因此活动障碍不应成为限制人们使用城市公共空间需求的因素。城市的公共空间不仅应当面向残疾人，还应面向年老体弱的人。可达性必须是毋庸置疑的。

## 公共空间家具布置

在基本层面上，公共领域应该有座椅和其他家具以使人感到舒适。对于公园来说，这种需求是显而易见的，但是在现代城市中，家具的选择往往更多地取决于对盗窃、责任或维护的关注，而不是取决于怎样对人们更有吸引力和更方便使用。例如，我们为何不效仿法国的做法，在公园中提供可移动的桌椅，以便于人们能定义他们自己的聚会模式呢？我们的设施并不需要必须是固定的。威廉姆·H·怀特（William H. Whyte）对在公共空间中人的行为方面做了广泛的研究，可移动座椅是他最喜欢的一个做法。[10] 他是纽约布莱恩公园（Bryant Park）重新进行设计的顾问，这个公园中的可移动座椅成为公园景观的主体（图 5-43）。为什么我们没有经常地看到艺术家在家具设计中发挥的创造力，以提供维多利亚公园所享受的那种珍奇景观呢？为什么我们只为了降低公园的维护成本而取消景观，特别是一年生植物？为什么现在的自动饮水设施变得如此稀缺？为什么游乐设施都如此标准化？这些都是能够为公共领域带来愉悦的事物，是能够促进社交互动并使公共领域切实地为社区生活带来贡献的事物。

公共空间还需要装饰、布置家具和使用照明来唤起人们的回忆，因为这些可以为人们提供热情好客和积极的个人体验。这就是为什么公共艺术、维护完好的景观以及良好的地面铺装如此重要的原因。精心设计的空间可以吸引我们的感官，而不仅仅是我们所看到的，还包括嗅到的花香、石头粗糙的触感、潺潺的水声，甚至是

图 5-43 可移动的家具为纽约布莱恩公园提供了生活和用户控制的场景，这是鼓励人们使用公园最容易也是最便宜的方式之一，因为人们可以随着自己的喜好来移动椅子使其形成一组，也可以把椅子搬得远远的让其远离其他人。但是，可移动座椅在公园需要一个管理系统，否则，随着时间的推移，椅子可能会消失。公园由欧林合伙人事务所（Olin Partnership）进行重新设计

当携带食物参加某些活动时食物的味道。

　　家具还可以有策略地设置在被人们疏远的地方，以利于重建公共区域，或是在被称为"战术城市化"的努力中启动城市复兴。在达拉斯，被称为"更好街区团队"的组织经过努力完成了一个可以作为"战术城市化"的优秀案例。这个在某种程度上有些随意的活动组织经常在周末将许多人聚集在一起，制造出他们认为的快速、廉价、高影响力的改变，改善和振兴未充分利用的房产，并强调创造更好街道的潜力。其操作方式是快速地改变一个或两个街区的街道景观，从而向人们展示经过永久性改善后街道会变成什么样。某一天，一条街道会引发人们无趣和不安的感受，破旧不堪、空置率高、衰败得一团糟。但是第二天，将会出现人行道边的长椅、树木和景观盆栽；会有临时的凉亭、咖啡店和餐车伴随大量的人行道出现；街道上会出现艺术与灯光；会有各种各样的步行者活动，人群来往络绎不绝。然后，这个组织邀请邻居们来体验享受这个有着音乐与乐趣的场所。结果往往是社区充满热情从而将这个梦想变为现实。业主们有了新的信心，消费者也做出承诺要回到这个地方，市政府官员被责成使公共领域的改善切实而持久。一次事件变成了一种力量，为场地带来了改变，进而成为这一场地和其他场地建设的激励与教训。

## 给公共空间带来不同的功能

对公共空间个人感性需求的确认提醒我们，一个成功场所的标志并不总是看其中人有多满、有多拥挤或是看起来多么川流不息。为了能让人们可以逃避、冷静、反思甚至是疗伤，需要在人们有需求时随时有一些能够使用的且相对空无一人的空间。这些空间偶尔会为少数人提供愉悦的感受，一天下来则会累计增加很多人的乐趣。这也适用于为不同类型的人服务的空间，这些人在一天的不同时间做不同的事情。人们首先想到的是疗伤花园和宗教冥想圣地，但是有时候，公共公园在活跃的空间之外规划设置简单隐蔽的区域也能满足人们对宁静的需求。

## 采用私密的半公共空间

公共领域被一些不完全是公共的但也不是私人的东西包围着，私人财产上的空间服务于社区民众的需要。它们是集会的地方，也是沉思的地方，它们是我们熟悉的近邻的地方。这些地方在一个舒适的城市中是必不可少的。它们通过更多的多样性与亲切感将公开的城市景观进行延伸，真正将社区生活结合在一起。随着城市建设愈发密集，这些地方提供了越来越有趣的环境，并变得越来越重要。在 19 世纪的伦敦，一些公园和广场只对居住在附近并拥有部分所有权的人开放。我们今天更趋向于反对这种做法，但是这些空间确实有其优点，它们为相互认识或者至少知道是自己邻居的人提供了一种在相对安全的室外空间变得相互熟悉并聚会的渠道。即使是在大城市的中心地区，它们也是私人的、亲密的地方。如今，在人口密集的城市里，屋顶花园、庭院和活动平台也提供了同样的半公共空间功能，图 5-44 所示为温哥华耶鲁镇邻里住区中的屋顶庭院。这些特点让城市生活的体验更容易为人们所接受。值得注意的是，闲置的屋顶已经成为现代都市难得的机遇，屋顶庭院提供了可用于从园艺到儿童娱乐等多种户外活动功能的大面积空间，同时屋顶绿化还有助于减少满是硬质铺装的城市中的热岛效应。

## 将公共控制权带入私有公共广场

一个公众可达的空间若想真正具有包容性并成为公共领域的有效组成成分，则应当受到公众控制并由政府授予所有权，或是达成某种有效的保证协议。这种需求与现代城市中伴随着高楼大厦的出现而随处可见的广场公共空间息息相关。这些往往都是在感知方面没有具象的形态或尺度的模糊空间，因此它们并不能培养出令人耳目一新的经验或记忆。空间是否真正地面向公众或对所有人开敞是一个尤为模糊

**图5-44** 城市的紧凑发展需要越来越多户外生活的空间，这不仅是在公共领域的，而且还需要更具私人性质的空间。屋顶花园和露台可以帮助城市生活提供像处于郊区之中的空间，如图中所示的温哥华南坎比（South Cambie）社区屋顶庭院的景象一样

的概念。有时候，这种模糊性是刻意为之的。这在一定程度上是为了便于控制什么样的人被允许使用这个空间，这也就是为什么这样的空间想要成为城市公共体验中不可或缺的一部分，就要在法律层面保证使用者的到访与使用。除了通过法规手段确保进入以外，设计活动与监管规定也能改善这些空间——尤其是通过增加家具、艺术或是喷泉等焦点，以及为了定义空间增加树木的种植。威廉·H·怀特是纽约市的顾问，当时纽约第一次修订了《广场管理条例》，以确保公众能够方便地到达并舒适地使用这些空间。和许多其他城市一样，纽约市的广场标准可以得到顺利执行，因为开发商在建造这些广场时获得了建筑面积的奖励，而这些广场最初几乎没有什么要求。现在的设计标准包括了尺度参数、方向和可见度的预期，以及临街条件、座位、照明、标牌和垃圾桶方面的相应设计导则。运营标准包括了规定时段的运营时间，对所有人开放的承诺以及相关的用途与售货亭、室外咖啡等商业活动的导则。这些标准鼓励人们进入这些广场，并有助于广场变成真正意义上的可达与舒适。

## 拥抱美

城市最终应该对美有基本的追求。人类与美颇有渊源，因此在我们的公共空间中尝试去实现美并不肤浅。美可以源于鲜花的种植或是艺术的添加，可以源于艺术的铺装方式，可以源于自然的溪流或是喷泉形式的水景，还可以源于地面轮廓的雕琢。美来自受到保护甚至是增强的景观。它提供了随性与浪漫，忽略功能，但毫无疑问对一个地方的基本体验却是根本的。美可以来源于大规模的正统设计，譬如巴黎的香榭丽舍大街（图5-45），也可以在城市中很小的私人角落中发现。美也可以来自避免了消极特征的出现，因为这些特征破坏了我们与一个场所的邂逅。广告牌和随意的第三方

图 5-45　巴黎的香榭丽舍大街可能算是世界上最美丽的街道，它的美丽弥补了许多其他的缺点——比如占用过多的空间、过于野蛮的交通以及分隔了行人和另一边的行人，但是香榭丽舍大街很好地诠释了有时候美本身就很重要

商业标识可能会损害公共环境的视觉愉悦，缺乏维护甚至仅仅是垃圾桶的缺失都会破坏场所的和谐。

公共领域的社会奉献无疑对我们个人的稳定和社区生活的丰富与否有着不可小觑的影响。那么公共领域是否也有着更深层次的心理暗示呢？这可能很难证明。一个关于现代生活的很糟糕的现实就是，不论城市是否友善，现实中总是有些人饱受精神疾病与精神障碍的折磨；然而，人们不自觉地选择相信，即使是人类的这些更难理解与管控的方面，也可以通过设计变成温和、恭敬、亲切、有益健康的公共空间，使情绪得到一些缓和或者至少得到一点缓解。但是，无论公共领域有多受欢迎，也不应出现无家可归的人，因此，为无家可归者提供支持性住房是十分必要的。

## 公共空间的经济需求：质量、实用性与价值的最大化

充足开放的空间系统的可用性能够为城市带来经济效益，开放空间的设计和规划质量则能带来更大的价值。充满活力的市场文化为社区创造财富和就业机会，对公共领域提出了经济要求，因为公共空间不仅仅是市民的一种独立的奢侈享受。良好的公共领域设计不仅要支持经济活力的增长，还要给公共空间赋予更广泛的含义与切实的目标，如果它们的设计仅以狭隘的娱乐性为关注焦点，则无法达到这些目的。无论是正式的街道与公园还是那些非正式创建的空间都有很大一部分能够在城市的商业中发挥作用。

### 培育完整的街道

在繁忙的场所中关注人们想做的所有事情可以也应当与街道其他必要的功能兼

图 5-46　州街（State Street）是加利福尼亚州圣巴巴拉（Santa Barbara）的主要街道。它是一个有着完整功能混合、多模式交通和具有大规模渗透性景观的街道，也是一个令行人非常愉快的目的地

容。正如之前所提到的，20 世纪 50 年代后期，街道发展的一个反面现象就是为了优先适应汽车的使用而使街道的功能被简化。通常情况下，即使有了这个优先权，街道也会变得拥挤不堪。我们都听说过所谓的"拥堵指数"对经济健康的影响。然而，经济活动是多种方式使用街道的功能表现，交通拥挤有时会产生更多的经济活动，而不是更少的活动，所有交通模式下即使是一般的交通便利都会促进更多的交易。

假如街道是一个平衡的交通系统中的一部分，那么遵循所谓完整街道的概念加以实施是可行的（图 5-46），这一概念的安全优势在第 3 章中已做详述。这是设计灵敏度和一系列的原则，通过这些原则，街道设计能够更多而不是更少地适应城市的社会议程、产生经济机遇与活力，并支持土地价值。这种做法颠覆了以往以机动交通为首的优先层级。在一条完整的街道中，步行者拥有优先权，接下来依次是自行车、公共交通和货运，最后才是机动车交通。完整的街道应当容纳各种交通模式，并需要有全新的能够容纳步行者与景观（包括在第 2 章提到有助于恢复街道区域对自然环境贡献的景观）的足够宽的、新的人行道横断面。街道还应该保护自行车车道与明确的公交通行权。艾伦·雅各布斯提倡在街道足够宽的地方设置"复合型林荫大道"，行道树种植是一条完整街道的重要组成部分：想想所有街道两边成排的行道树，在某些情况下，行道树甚至会有两或三排之多。

一个成功的街道设计应当通过一致的方式来处理所有的街道家具，包括：街道照明、交通信号、街道识别度与交通标志、商业标牌、必要的设备如火灾报警箱与消防栓、长椅、自动售货机、铺装以及景观等都可以设计并产生一个完整的环境。即使每个要素都有复杂功能需求及其复杂的交互，这些元素也需要从视觉上成为一个配套的整体，从而构成一幅和谐的画面。

建筑红线和人行道上的步行通道之间一般会布置露天咖啡座，也可以作为许多重要城市活动的场所，包括能将生活气息与商业潜力带到城市街道的户外零售。一个完整的街道还应与周边环境相呼应。街道类型学与邻近地区场所类型学的结合有助于将街道与其环境结合起来，以实现互惠互利。

为特别活动主动封闭街道和增添活力的计划能够增加街道与周围环境的适应程度并提供自然活力。成功的街道可以在各种街道结构和横截面布置中容纳尽可能广泛的活动安排，任何一个方面都能提供具有吸引力和独一无二的可能性平衡。

实用性较强的小路和背街的小巷经常在大部分的现代街道布局中被删除。这些狭窄的替代通道增加了街道，使得服务设施，有时是停车入口，与行人通道分离，从而使土地的经济利用更有效。

## 激发公共空间中的多样活动

多种用途对于开放空间的经济效用是至关重要的。我们的公共领域经常受到同样的单一活动影响，这些活动在当代城市中也会影响私人的领域。太多的城市都在限制公共空间中的社会活动，这是因为官方担心公共空间的多种用途具有剥削性的商业特征，会造成不可预估的后果，然而往往正是这样的商业驱动和不可预估的娱乐为公共空间带来了生机（图 5-47）。沿街或是公园中的户外咖啡馆具有很高的便利价值。路边的小市场或是餐车能让人们愉快地聚集在一起。公园里地方街舞、社区集市、旧货甩卖或是电影之夜至少可以建立社区归属感、鼓励互助行为或至少也能建立休闲项目。遛狗的地方常常是人们能够聚集起来一起八卦的地方。遗憾的是，官僚主义产生的入侵协议、活动许可、健康规范、公共集会许可和其他类型的市政规范会让这些活动变得困难，因此它们不会容易发生或者经常发生。尽管地方政府一定要注意避免负面影响，通过简单的决定，积极利用公共空间作为一个优先事项促进更多自发事件的发生。

图 5-47 伊斯坦布尔的这条本会被人遗忘的小街道因为自发的日常商业而进入了人们的生活，它吸引人们，使人们记住它，并又回到这里

图 5-48 温哥华的戴维·朗公园是一个可以正常使用的公园，但它也是相邻的埃尔西·罗伊学校的场地和附属于学校的儿童日托游戏空间。图中这些学童在公园内的休息表明了这是一个安全的、可以与人舒适共享的公共空间

通过精心的设计，将许多活动分配到一个公园或在不同时间为不同的活动安排空间并不是什么难事。一个很好的案例就是公园空间与学校游乐区的共享，这可以非常有效地利用稀缺的城市土地。如图 5-48 所示，温哥华市区的埃尔西·罗伊（Elsie Roy）学校和戴维·朗公园之间的空间共享很好地诠释了这种方法。同样的道理也适用于露天市场，在没有安排集市的情况下，快闪市场、艺术家工作室和其他活动类型都能很好地将空间利用起来。街道用地内的异常区域可以通过快闪的使用为生活带来活力。在人口密集的现代城市空间中，墓园甚至也被视为娱乐场所，提供人们所珍视的必要尊重。关键在于，不要把空间的传统用途或主要用途视为理所当然。当有意识地开拓思路并改变空间的用途时，会有新的机遇在等待着我们。

## 支持不同尺度的公园

对于公园与开放空间而言，使用需求的多样性对空间的尺度有着不同的要求。城市的复杂度在城市经济活动与开放空间的界面或者开放空间可增加经济价值的界面设置了许多情况。这些空间针对不同的需求与布置有着固有的尺度上的差异。提到公园，许多城市公园的管理机构首先想到的是必须要满足休闲娱乐需求，而对开发者能够提供的更小的开放空间持怀疑态度，因此公园又回到了能够提供明显符合休闲娱乐需求的形态和尺度空间上面，这一做法使得小公园空间失去了价值。一个由许多不同形态和尺度的公园构成、布局良好的公园网络能够提供多种

图 5-49 在蒙特利尔公园角落里的这个小花店是一个场所地标，并为这一本来可能会被遗忘的位置带来活动

多样有计划的或是自发的使用功能，将更多的私人财产与开放空间的即时性相关联，从而传播并共享价值。一个几分钟就能走到的公园或是迷你公园是邻里可步行性的关键要素之一。如果公共空间就在附近并且具有足够的吸引力，那么人们出于利己角度会去使用它，这对一个场所活力的提升大有裨益。单一的尺度并不能满足所有种类的需求。

## 在公共公园中安置实用的固定装置

智能公园的设计将促进最大限度的效用。例如，一个好的公园会有适当提供基础设施支持的功能区域，比如设置电源插座或是能够搭建临时舞台或地板的地方。为了适应养宠物居民的需要，公园内会有围栏或是处理宠物垃圾的站点。一个好的公园还应该有一些为积极使用而设计的区域，包括运动和儿童游戏，以及为消极使用而设计的区域。它应当为咖啡馆或其他商业场所留出空间（图 5-49）；它应当有水景、景观小品或是公共艺术作品等地标作为人们碰面的场所；它应当为社会的情绪表达与信息传递提供机会；它还应当包容所有类型的群体的需求，这些群体包括：家庭、老人、贫困人口、养狗的人、残疾人、单身汉以及其他任何在这个空间中有实际需求的人群。

## 改善零售街道

对于现代的市中心、邻里购物中心和郊区中心而言，街道设计对于零售商业活力的影响是一个特别的问题。交通工程师寻求最有效的街道配置以最大限度地使机动交通运行的时候，他们往往没有意识到或在无意的情况下危及了沿街商业的传承。

我们现在明白：一个成功的零售街道既能利用其便利设施吸引步行者，又能通过减缓交通使汽车使用者回到店铺的影响范围，而不只是毫不在意地看一下。一条对车辆来说便利度较差的街道反而会是更成功的商业街道。

对于零售业与交通业之间存在冲突的应对措施之一是创建步行者专用的商业零售街道。在欧洲，这一理念得到了较好的运用。欧洲的城市比较紧凑，既有居民也有上班族，公共交通服务也很好。当在北美城市试行步行商业街的形式时，除了少数如明尼阿波利斯和丹佛这种保留了公共交通线路的城市案例外，大部分都失败了。不知道为什么，如果人们无法沿着街道行驶下去，那么就会趋向于忽视街道两侧的商店。当然，商业步行街的临街面正在经历复兴。圣莫尼卡（Santa Monica）第三购物步行街的演变就是一个有趣的案例。在 1965 年，为了创造一个完全步行的商业街，三个街区都被封闭。这一设计本想打造一个相当于郊区购物中心的场所，但是街道两侧的店铺却不是按照购物中心零售业务管理的方式进行组织和管理的，购物中心的所有店面都属于一个业主。城市规划师本想利用位于第三街一端的圣莫尼卡广场购物中心来实现第三街的商业复兴，而不是让许多商店倒闭。到目前为止，这个故事和其他很多城市中心区的步行购物中心的失败案例没有什么差别。但是接下来，在 20 世纪 80 年代中叶，圣莫尼卡市开始改变现状。一个私人的商业改善区接手了这条零售商业街的管理。这里通过特殊区划，以鼓励附近的停车场与其他附加功能的加入（如电影院等），从而吸引更多人到来。罗马设计集团（Roma Design Group）被请来重新设计这一步行购物街，通过一系列的室外空间以及精心挑选的景观与路灯营造节日气氛（图 5-50）。作为一个零售商业以及对整个社区都有意义的场所，这条商业街获得了巨大的成功。最近，圣莫尼卡广场购物中心进行了重建，采纳了捷得合伙人事务所（Jerde Partnership）设计的新方案，方案将第三街的户外空间通过

图 5-50　在加利福尼亚州圣莫尼卡的第三街长廊，一个失败的步行购物中心被果断的公民行动所改造。商业提升区、特别分区、停车安排和智能设计都有助于使其复兴。它的复兴也反映了当得到了很好的管理并对人们有着吸引力时，人们对街头零售就会重新燃起兴趣

原本购物中心的室内空间连接了起来。

　　将购物中心建设得更像一条商业街，而非购物中心，这反映出零售业正在发生的变化。人们喜欢沿着街道购物，这样他们不需要在错综复杂的人行通道上转来转去就能够找到他们想要到达的目的地。因此，许多购物中心的内部都进行了重建，从而使其看起来更像是一条街道。一种被称为"生活方式中心"的全新零售业态应运而生，商店面向景观良好、对机动交通开放的私有街道系统，配备完整停车空间，尽管这些街道往往服务的是被停车场环绕的零售建筑岛。

## 开发利用临时空间

　　开放空间最具吸引力的潜在经济效益也许可以在街道线性空间和正规的城市公园以外的临时性特殊空间中找到，这些空间与城市其他活动相互联系，例如公交通道、公共建筑、街道剩余空间或是供临时公共活动使用的私人空间等。这些常常被我们遗忘的剩余空间通常只需要适量的资金就可以极大地提升一个区域的感觉、使用和安全感。它们可以是偶然间发现的地方，能为我们提供惊喜、意外的便利和有趣的活动，而这些活动在那些传统的大型正式空间中通常难以融入。它们可以是布置快闪商业、花摊或是餐车的绝妙场所。有时，往往我们要做的只是在人们经常聚集的地方种一棵大树。作为小型市政工程项目，这些改善措施易于实施。它们为私人或公共街道上的活动提供了机会，这些活动可以使一个地方更活跃并且更具游乐性，这些地方的复兴与再利用可以为附近的私人土地带来积极的改变（图 5-51）。

图 5-51　伊斯坦布尔的尼桑塔西（Nisantasi）社区很小的特别空间为人性化的场所提供了很好的服务。它是从一条过宽的街道路权中收回的，为当地提供了一个会议场所

# 公共空间的环境需求：将城市设计融入自然

安妮·惠斯顿·斯普林（Anne Whiston Spirn）在其著作《花岗岩园地》（The Granite Garden）（这本书或许应该叫作《混凝土森林》）一书中指出，城市设计的过程没有足够重视自然系统并不意味着城市可以存在于自然之外。[11]对于环境议程来说，公共领域代表的是生态系统重新回到城市景观建设框架中的巨大机遇。由于街道的存在，公共领域成为一个连续的网络。它包含了景观这一重要组成部分，并且还可能包含更多的内容。它容纳了大量的实用且亟待改良的基础设施，以便与自然系统更加协调。公共领域是属于公有的，是能够对环境性能采取行动的重要资本。随着人们越来越意识到使城市与其自然环境相适应的必要性，环境对于公共空间的需求会越来越多。公共领域不仅是人类的领域，也是生态系统中所有有机体的领域，而且它也应当成为生态系统的主体，并为生态系统带来和谐。当然，生态系统并不区分公共领域或私人领域，因此公共领域的解决之道应当在于与那些私有领域相互协调。在第2章，我们讨论了相关的方法，特别是着重讨论了如何缓和与适应正在变化的气候。

## 优化建筑、空间与公用设施选址

如果要促进人工与自然环境之间的和谐，在城市的结构与朝向方面我们还有很多可以做的。建筑物的选址可以改善城市和郊区的自然通风，这样的风可以帮助消除不可避免的空气污染。在设计和法规中考虑日照与阴影可以减轻热岛效应，并降低供暖或是制冷的费用。人工照明固然是安全和保障所必需的，但也能通过精心的引导、调节甚至编程来提供保持自然规律的黑暗时段。区域能源系统能够节约燃料，并利用废物作为能源。水能够通过治理来减少暴风雨造成的损害，并避免污水管道系统的超载。我们可以将密度、混合功能和多样性引入城市环境，从而减少出行和化石燃料的使用。我们必须在下一代人身上努力实现这些城市整体目标，在这方面有很好的综合发展案例作为指引。如今城市中最突出的问题就是环境矛盾，人们在确定这一问题不再存在之前，需要持续关注城市巨大的街道、公园、自然保护区、绿地和其他开放空间等，从而能够为"人们能做些什么"以及"还要做多少才足够"等方面带来深入思考。

水、光、土壤、植物和动物都是生态系统的组成部分，我们必须进行深入的思考来确定怎么将它们在城市环境中聚集在一起才不会使生态系统遭到破坏，或是至少使人类的使用与其他生态组成部分之间达成平衡。归根结底，即使是生态系统的再生也应当成为我们的愿景。任何一个城市的首要任务都应该是明确地了解周围的生态系统：它在哪里以及如何繁荣，在哪里以及如何退化。在开始做出具体的决定之前，一个整体的、系统的视角是至关重要的，之后，这一视角可以用来在城市的足迹和城市腹地内，从一个地方到另一个地方建立人类活动和城市建设与自然系统功能之间的平衡。

## 水文管理

谈到管理水文，人们或许会说"跟着水系走就行"。与气候和土壤相关的水系模式与影响，形成了构成生态系统的植物、动物和生物有机体的最终复杂的相互作用。地下水、雨水和废水都在发挥着各自的作用。公共领域中对水文的管理是至关重要的。城市系统中的地下水和雨水必须经过妥善的管理以避免洪水、侵蚀、沉积和污染。对于大量建筑场地和硬质铺装覆盖下的现代城市而言，其困难在于地表水径流已成为主要的公用事业问题。工程师们一度认为正确的处理方式就是让这些水快速、畅通无阻地流走。事实证明，这与真正需要的恰恰相反。在地表水流过地面铺装时，它与汽车垃圾和其他污染物混合在一起。当积累到顶点后就会发生洪水。今天，水文的历史模式已经变得无关紧要，水是如何产生当地的动植物文化也变得无关紧要。水的自然过滤与清洁也已被削弱，水被浪费与污染。尽管人类定居对自然的干预无疑会严重地改变自然水系的状态，但是我们仍可以寻求一种敏感的替代系统来修复这些损害和差距。

正如在第 2 章我们所讨论的，第一步要做的就是尽可能地让水在它原有的位置或是流下的位置尽可能多地保留。可透水的地面可以吸收雨水，并使雨水在区域内遵从自然方式循环。对于溢出的水，生物滞留装置是一种实用的方法，可以用来管理流出的水量，然后对其进行过滤、净化以进行适当的处理或再利用。我们可以建立相应的应对设施，例如生物洼地、雨水花园和精心设计的树木或植物生长结构等。一个关键的原则就是，受纳水体不应因废水流入而退化，废水再利用是比简单处理更好的选择。废水可以被视为一种资源，我们可以从废水中提取组分进行循环利用。一旦有机物含量与悬浮物减少，那么得到的水流就可以被再利用或流入人工湿地辅助生态系统重构。管理水资源的不同手段不仅能够提高相关生态系统的健康程度，而且还能为它所在公共空间的便利性与舒适性提供更高的附加价值。在第 2 章，我们讨论了一些技术的方向。瑞士的水景艺术家与景观建筑师赫伯特·德莱塞特（Herbert Dreiseitl）在令人印象深刻的水景系列丛书中向我们展示了人们怎么才能使水文管理的科学转化为动人的艺术表现。[12]

## 公共景观自然化

公共领域的景观管理可以在很多方面对环境起到积极作用。正确选择市政当局在整个城市土地上不断种植和更新的景观，可以重建本地物种和培育动物成长，对于鸟类的生活会有特殊和显著的影响。对被砍伐植被碎屑的清理处置可以成为代替化石燃料的一种燃料来源。

街道可以进行生态适应的设计，包括透水的铺装、林荫大道替代传统路缘的生物过滤景观，以及地方乡土的乔木与灌木种植。另一个有助于改善环境的流行举措是通过移除沥青铺面，用透水铺面材料代替沥青铺面，以及增加植被来将背街小巷自然化。由于公共土地的格局是连续的，因此将足够的面积连接起来以创造多样的活动与栖息地，从而能够重建曾经存在的生物多样性。在开发过程中造成的生境破碎化是生物多样性丧失的一个重要原因。我们可以为所谓的生境斑块指定更大的保护区，在这些绿色的避难所之间可以通过走廊将它们连接起来，而生境边缘的缓冲区可以设计处理成景观，同时对邻近地产仔细进行功能分配。将公园、绿色街道、广场、景观保护区和未开发场地连接成一个完全实现的开放空间网络需要额外的努力与资金，但是将为动物迁移、锚固本土植物生长模式以及整体的物种多样性带来重大收益。

达拉斯的三一湖（Trinity Lakes）项目是这类开放空间网络一个很好的实际案例。三一湖的河漫滩长久以来被堤坝围绕以保护周边的发展。一年中的大部分时间，这里都是一片开放的草地，三一河（Trinity River）的细流从中流过。三一湖的设计将这一片长久以来被人们所忽略的空间转化为了达拉斯整个城市的一处中央公园（图5-52）。这个案例很好地为我们阐释了即使在用地紧张的城市中也是可以创造一片核心景观的。同样地，通过将住区公园、绿色街道与更大区域内的公园系统相连接也可以达到类似的目的。前文我们提到类似的一个项目正在汉堡实施。鹿特丹也正在考虑将城市中所有的绿化空间整合为一个连续的系统。对于人们来说，这些绿化网络的娱乐增值效果也是优点之一，为儿童提供环境学习和自然体验的机会则是更进一步的益处，尤其是增加了演出，这种益处就会更加明显。

## 在公共土地上收获食物

即使是食物也应当融合在公共土地的功用之中。食品的递送——包括生产与运输过程，是现代生活中最不可持续的一个方面，一些地方甚至开始担心食品安全的问题。此外，由于园艺是一种很受欢迎的消遣方式与个人的娱乐手段，因此园艺的

图 5-52　生境的连续性通常被城市开发所打破，但自然网络可以被修复。达拉斯的三一信托（Trinity Trust）在由华莱士·罗伯茨和托德公司以及 CH₂M Hill（Wallace Roberts & Todd and CH₂M Hill）设计的三一河改进项目中有一个这样的想法。三一河的洪水走廊正在被回收，从而用于人们重置迫切需要的娱乐与生物多样性功能。图中展示了这一愿景的全貌，这一项目现在正在实施

图 5-53　温哥华格兰维尔岛附近的铁路路权沿线的这片菜园反映了人们对城市园艺和种植自己的食物的强烈兴趣，即使是在一些不太可能的地方

图 5-54　这个屋顶农场位于温哥华市中心，它利用了商业市场花园多余的半公共绿色屋顶，并得到食品生产者的满意和商业成功

发展机会对紧凑发展下生活的人群有着巨大的吸引潜力。第 2 章我们讨论了公共土地上的食物选择，其中包括街道上的可食景观或公园里的果园。在城市空间种植粮食肯定涉及使用半公共的绿色屋顶和未充分利用的公共区域，如公路边、桥头或旧铁路线边上分配给社区的花园（图 5-53）。甚至还有一些在屋顶（图 5-54）或在尚未进行永久性建设的地面上进行有利可图的市场耕作的例子。在更大的尺度上，可以

通过储备系统来保持农业土地的富饶性免受开发影响，如果必要的话，将它置于公众手中也是未来一项重要的应急计划。

## 管理公共领域

公共财产必须被管理好，很显然最初的设计和开发才是重点。但是，公共空间的成功还取决于便利的使用、多使用者协同的可达性，以及确保随着时间的推移而更新，这样我们就面临一个问题：谁应该拥有和运营公共领域？

### 保证公有性作为指导原则

公共领域管理的先进思潮一条突出的原则就是，以基本公共基础设施为主要用途的土地必须是公有的。要想保证人们普遍获得基本设施和便利设施的唯一方式就是确保它们掌握在公众的手中。对于社会中的穷人等特殊人群以及关注私人财产安全的人来说，一些地方政府将街道与空间私人化来逃避维护义务的倾向是目光短浅和不负责任的。公有制也可以保证每一处私人土地都能进入和连接到公共领域。同时，公有制还可以为拥有足够公共土地的城市提供防护，以一个紧密相连的方式覆盖人们在很长时间内都可能需要的活动。

### 让公众来辅助公共领域的设计

现代的城市环境基本上是以最终完整的形式交付的，几乎没有人参与这些地方的塑造。在家中，人们习惯于随心所欲地定制和表达自己的品位、风格和稀奇古怪的喜好，尽管如果他们不是业主，会面临一些限制，如果他们是多户家庭居住，则会面临更多限制。在公共场所中，人们几乎不能改变什么，他们已经与创造这些地方的过程疏远了。市政当局没有理由不开放公共领域的设计过程，为个人提供表达的机会和责任感，这不仅能培养邻里之间的忠诚度，而且还能降低随意破坏和乱扔垃圾的可能性。一种很简单的方式就是为私人园艺提供机会，沿着街道和林荫大道，或是在交通岛或回车场中心进行园艺装饰。作为一个园艺师，能够装饰他所在的邻里是表达并享受社区荣誉感的很好的手段（图 5-55）。

社区志愿者需要更多的支持，例如，清理活动提供了对当地的控制感，而社区观察计划则让我们参与到自身安全的保障中。在公共领域的设计与管理这一方面，今后需要更多的创新与变革。

图5-55　在现代城市，我们几乎没有办法将个人风格带给公共空间。但是，在公众控制下的街道和有空余空间的花园中还有待开发的潜力，它们价格便宜并为边缘地区带来了人们的关注，同时促进了地方忠诚度。这个温哥华的公共园艺项目对市民来说是一个很大的冲击

## 营销与策划公共领域

一般而言，即使是合理设计过的公共空间也会由于其功能对于使用者并不明显，又或是空间管理者没有推进活动进而失去活力。当然，人们自发的活动是我们极力追求的情形，但是通过营销和规划促进空间的可达性与活动也是非常重要的。随着越来越多的使用者受到吸引，管理使用者的需求至关重要，包括区域划分、处理相互影响、以中间人身份安排时间和调节冲突。伴随场所的使用而产生的破损与贬值，长期的维护与最终的更新将是必要的。大范围的城市活动策划也是一种显著的需求，这需要一种系统的方式来处理时间、治安、人群控制和基础设施需求。

在社区尺度上进行营销与策划也是很有吸引力的。一些社区将这一任务委派给了当地的社区组织，这可能基于公共社区中心。这种方式往往是有效的，这是因为它挖掘了地方知识，允许使用者作为中介产生互助与支持，并在邻里之间、邻里与自身的公共环境之间营造一种监督感。同样，为了实现商业目标，商业改善区可以在其区域内策划活动，以吸引更多的人。

## 公共领域的财政管理

对于公共设施而言，初始的资金支持一般是由年度资金支出预算、借贷限制与债权债券计划决定的。根据政治压力，资金分配可以是临时性的，也可以在长期目标指导下系统化处理。一个精明的市政当局会建立一个独立的计划或战略，为其在给定时间内服务和设施的增长提供资金，同时考虑到基于人口增长预测和各种来源收益预测的公共领域投资顺序和时间。运营与维护预算更容易发生变化，这种变化

与实际花费无关，而是由经济循环、竞争资金需求、特殊利益需求和政治偏好的影响。一般而言，资本支出决策不受持续运营和维护成本估算的影响，也不受新投资将如何影响现有运营和维护义务的建议的影响。不了解情况下的选择会在之后出现困难。

在大多数政府财政管理中，一个迫在眉睫的危机是基础设施更新和升级成本。北美城市面临着更新陈旧设施所带来的巨大成本。由于很少考虑到更新设施的资金，消费者不得不使用破旧和过时的设施，因而大大降低了城市的生活体验。聪明的方法是在城市财政预算中建立无须协商的自动更新资金项目，在温哥华，一项每年更新 1% 公共基础设施的资金计划早已出台，其理念是一个多世纪以来整个基础设施都被更换或升级。

## 将公共土地视为投资股权

公共领域本身就是一种资产，可以通过谨慎的管理降低风险，并提供公共土地的权益，为地方政府的财政稳定做出贡献。市政当局可以将公共土地用作投资股权投资组合，这是一种类似于市级主权投资基金的金融机构。在这方面，温哥华的房地产捐赠基金是一个很好的例子，从 1975 年起它就已经为民间融资和优惠借贷利率做出贡献。最初，城市中所有的公共土地都会根据其未来价值与效用进行评估。战略土地被保留，非战略性或低价值的土地将被出售。然后，这些销售产生的现金被用于购买被视为未来战略性或潜在战略性的房地产。未明确用于公共目的的股份，在需要之前，将以盈利为目的进行管理，或出售用于优先私人发展，或用于公共议程。租金创造了更多财富，由此产生的资金可以在财政时期用来填补民间运营预算，或者也可以投资于更具战略意义的房地产。这些资金甚至可以在预算周期之间为城市优先事项提供短期借款来源。整个投资组合为贷款方提供了担保，使其能够更宽容地获得民间借贷的利率。为公共领域创造财富和提供项目资金的良性循环。

# 第6章 生态设计的实施

提出房地产投资和城市发展管理方式的重大变革会引来质疑。然而，我们在这本书中提出的建议对公共福利至关重要，可以在现有的政府结构与普遍的商业实践中得以实施。通过案例表明，我们提出的许多建议已经在现实中的一些地方成功实践。我们在这一章中要讨论的就是如何把这些独立的成功案例普及为一般实践。

## 城市既是公众的也是私人的，我们每个人都在实施中发挥着作用

城市是长久以来利益点截然不同的个人和组织进行大量设计与投资的结果。在西方以市场为基础的世界中，这种结果代表的是公有与私有部门的不同责任与控制机制。除了少数特例之外，私营部门控制、开发与管理私人财产，而公共部门控制、开发和管理私人财产之间的土地，这些土地是当地政府代表公众共同拥有的。

政府也使用多种法规与政策来塑造私人开发，并对建设项目持有审批权限。市政当局常常将自己看作是私人活动的监督者。根据一个地方的特殊政治背景与情况，政府可以承担更多或更少的责任。因此，城市中私人部分可以受到一个全面的监管框架的约束，或者很大程度上是成千上万个个人出于私人利益而决定的结果。

为了塑造公共环境，政府必须采取直接行动，同时还要进行最终的决策与实施。尽管在大多数情况下，会以某种方式与私营部门协商，但最终的决策是由市政厅做出的。地方政府为我们在公有土地上看到的一切情况最终负责。私人与公共之间的联系一直以来都不甚明确，而且或多或少是根据特定地方政府的意识和倾向来管理的。

这种显而易见的情况解释了当代许多城市中问题的症结所在。简单地将责任分离成利益、设计重点与财政已经成了城市发展的决定性因素。这就是为什么很多城市的项目最终是脱节并且不完整的，或者仅仅达到城市中常见的最低标准。我们本可以做出好得多的构思与更整体的实施方案，但是，由于私人与公共利益之间的脱节，

图 6-1　得克萨斯州的达拉斯城市设计工作室（GityDesign Studio）经常承办研讨，从而让人们参与社区的设计。这一过程从公民和消费者的角度出发，我们都可以在城市决策中扮演重要角色，但我们必须参与其中

这一切都似乎变得不可能了。

　　为了克服这种适得其反的责任分工，对城市和郊区实行全新及更好的政策应当成为每一个人关注的重点，我们都可以发挥重要作用（图 6-1）。无论是市民还是私人开发者抑或是政府官员，都应当思考怎样从他们自身的角度出发来运用生态设计的原则，但这还远远不够。如果要在城市与郊区发展方式中做出如此大的改变，那么就需要更高层次的公共与私人合作。任何一方都无法独自建立本书所描绘的能够适应环境的宜居城市。我们需要一个系统和过程，能够将这些基本组合集中在一起形成可行的安排。正如我们所见，为了更好地进行私人投资，政府需要给予必要的公共资金支持，该资金可以来自政府现有资金的重新分配。我们可以将拓宽高速公路或是扩建机场的钱花在公共运输和列车服务优化上。我们还可以通过支持现有发达地区的填充式发展来节省自然土地城市化的成本。在本章中，我们会解释如何引导土地价值才能有利于承担公共商品成本以及鼓励优先绩效，同时对新的理念与实验保持开放态度。正是这种公共投资与私人投资的结合才能培养出切合每一个人利益的成果，并且能够转变建成环境与自然环境之间的关系。

　　选民需要动员起来，使这一转变得以实现。如果人们不能接纳本书中所讲的前瞻性思维的案例，那么我们生活的自由市场、民主和多元化社会就不会发生转变。

城市规划中的社区参与是目前的标准做法，但是它并没有充分利用互联网提供的多种参与方式来分享想法和发展立场。许多有组织的消费者团体都可以帮助开展广泛的讨论，将城市设计实践与环境保护相结合，为城市和郊区的未来提供生态设计方法。这些团体包括环保倡导团体、市民团体、商会、住宅社区、农业合作社、历史保护组织，还可能包括令一些人出乎意料的房地产商与投资者。所有这些团体都具有支持生态设计原则的有力理由，并且能够使这本书中的案例成为普遍实践，而不是特殊个例。

## 对气候变化进行适应

根据第 2 章指出的目前所面对的三个挑战，我们开始了关于使城市与郊区适应现有环境变化以减少引起环境变化的诱因，以及重新进行城市与郊区设计以使它们与自然生态要素相协调，从而能够在可预见的未来实现生态可持续性。

我们从第 2 章确定的三个挑战开始讨论实施，包括：使城市和郊区适应已经在进行的气候变化管理；帮助减少导致气候变化的诱因；重新设计城市和郊区，使其与自然生态协调，从而在可预见的未来可持续发展。

### 适应海平面升高与频发的暴雨

沿海洪水和更大、更频繁的内陆洪水造成的损害，都是传统管理上的新问题，这些传统管理包括私人财产保险政策、私人业主在其物业上建造的相关法规，以及在一些地方的沿河堤坝、防洪堤和其他共同防护措施等。现有的保护措施已不能适应气候的变化以及法规因气候变化而不再实用，随之产生的门槛问题将是，在洪水和风暴潮来袭之际，保险公司准备为房地产制定怎样的保单时间和费率。联邦政府已经通过国家洪水保险计划为美国洪水多发地区提供了保险，但 2012 年通过的立法要求该计划根据洪水发生的可能性收取费用，取消了原来的补贴保险计划。之后，在 2014 年，国会通过了新的立法，废除了 2012 年法案的部分条款，并降低了房主的保险费用。然而很明显的是，在许多地方，是否能够支付洪水保险已经是一个问题，而且很可能在未来成为一个更大的问题。

一旦这种保险支付不起或不再提供，那么房屋个人业主要么冒着风险，要么就要尽其所能地使其房产建造地具有防洪功能。但是个人房地产能做的事情非常有限。房屋只能在一层或两层的支撑物上升起，但是这样的话房子又会变得不宜居。当地的公用设施仍然需要发挥作用，否则，防洪能力再强的单体建筑也不会起什么作用。

当对洪水和风暴潮的适应无法通过保险与私人财产保护来管理，且地方基础设施不再可靠时，会有两种备选方案：综合保护或是分阶段撤离。这两种选择都很难实施，因为形势前所未有，而且没有既定的政策。然而，必要的政策出台得越早，对于公民个人和企业而言，选择的痛苦就越小。

**适应性备选方案 1：对滨海城市的综合保护**

对于面临海平面上升风险的人口稠密地区，为保护整个城市或区域免受洪水、风暴潮的侵害而进行重大投资是有意义的，因为受到保护的资产整体价值远远超过在保护上投入的成本。例如保护伦敦的泰晤士屏障、荷兰的三角洲工程、最近完工的圣彼得堡风暴潮屏障，以及正在建设的威尼斯屏障，这些都起到了很好的模范作用。在纽约地区"按设计重建"竞赛中提出的模仿自然保护的屏障是一种优于工程屏障的替代方案。由于每个城市的情况各不相同，因此必须计算特定地理区域的海平面上升和风暴潮的可能性，进而制定足够详细的保护计划，以便估算实际成本。与风暴潮和洪水造成的潜在损失相比，了解可能发生的情况以及可能造成的损失，对于决定何时何地建立保护措施至关重要。

由于确定防护措施的建设需要较长的时间，因此建立新的发展法规来限制脆弱地区新的开发建设活动，改进相关的建设规范来使洪水威胁区域的电梯、空调等机械设备布置在一个建筑中最安全的位置是有意义的。公用设施和交通运输系统也应当进行重新设计，从而使之具有韧性。同时，这些沿海城市在实施临时措施的同时，还应当对其所在地理区域海平面上升的潜在威胁进行预估。应该有针对性地就如何管理潜在变化制定计划，这个计划应当得到所有居民尤其是每一位业主的理解与认可。如果要建设一个综合性的防护系统，比如防洪闸或是升高地面高度的远期计划，那么该计划需要一个基于实际工程估算和分配资金来源的实施时间表。荷兰和伦敦的经验充分表明一个综合防护系统的设计与建设执行得越早，在临时措施或保护个人财产（如提高结构）方面所需的投资就越少。适当设置可靠的防护设施计划，对于财产保值和远期投资以及削减日益增长的保险支出是至关重要的。

**适应性备选方案 2：分阶段撤离**

对于面临沿海洪灾威胁的人口稀少的地区，最好的选择可能是分阶段撤离。第一步，应当通过新的开发法规来限制在易受影响的地区建造房屋。之后，可能限制这些地方将现有建筑转移到新业主手中，并要求当前业主在想要出售房屋的时候，要参加由政府资助的收购。买下房屋产权比在每一场风暴后提供重建如街道铺装、输水管和排水管等市政设施的紧急应急资金更划算，建立这样的专项资金是有意义的。遗憾的是，当气候变化的影响开始显现之后，房地产的价值就不再像以前那么值钱。而纳税人不太可能给所有的业主为他们曾经拥有的财产价值埋单。因此，业主们不得不权衡彻底卖掉这片地的价值与当其他所有者相继离开和社区属性变更后继续持有这块土地的价值。在一些地方，由于计税基数降低导致无法维持下去的社区可能会达到爆发点。

没有人愿意看到这样的事情发生。这种事情何时会在某一地方发生取决于气候变化多久会发生。就在不久之前，还没有多少人认为在 21 世纪结束前我们将需要面对如此极端的抉择。在超级风暴桑迪发生后，沿新泽西与纽约海岸线周边的一些场所遭到了严重的破坏，或许在类似风暴再度来袭前做出这些抉择可能是必要的。

当脆弱海岸线的整个开发地区被公共部门实施计划撤离政策时，这片土地就可以重置为自然状态，同时作为自然保护区与公共娱乐场所的结合而进行管理。一条更适应风暴潮与海平面上升的新的岸线随之形成。

## 适应增大的森林火灾风险

大部分易受到森林火灾影响的地区开发得都相对较轻，这是因为他们都处于森林主导的地区或是森林边缘地带，在森林环境中的开发或许应当采取与低密度沿海易涝地区类似的手段。对私有地产可以采取一些措施，例如清除建筑中的易燃物或使用耐火建筑材料，但是建筑本身仍处于易受火灾影响的区域。继续在这样的地方居住的限制因素就是政府消防工作所涉及的不断增长的费用和危险性，以及维持可支付保险的困难。目前，森林火灾易发地区并没有像洪涝易发区那样的国家森林火灾保险计划。

同样的，对一些地方来说，最好的选择可能是分阶段地撤离。第一步将是推出新的建设法规来限制在高危地区和火灾易发区的建设活动。接下来，和沿海洪水区一样，应当限制这些地方现存的建筑转移到新的所有者手中，并要求当前所有者在想要出售房屋的时候，由政府提供专门的基金买下这些土地产权。在买下房屋产权比紧急消防的应急资金更便宜的时候，建立这样的专项资金是有利的。对于由气候变化导致森林火灾风险提高的区域来说，常住居民的最终转移可以允许一些更灵活的防火措施和火灾管理技术的实施。

任何想要在森林中购买或建设房屋的人，都应对未来可能面对情况的预防手段进行仔细思考。同样的建议也适用于所有想要购买配有私人海滩或码头房屋或土地的人。

## 适应内陆洪水

适应沿河洪水与沿海洪水增加的风险是两个截然不同的问题。洪水的一些源头可以受到当地控制。正如在第 2 章讨论的，如果能够在一个地区的所有建筑上都采用屋顶收集雨水的蓄水桶与蓄水池，那么就可以有效减少在暴雨后流入河流的水流量。在停车场和当地街道上铺设透水性路面，可以将一些雨水引至当地蓄水层，也可以制造沿着主要街道的景观。在主要街道上，交通荷载可能不允许铺设透水性路面。同样，如果我们所描述的措施能够被广泛采纳，那么在暴雨后流入河流的水量就可以大大地减少。雨水流到排水系统过程中拖延的时间越久，下游洪峰出现的可能性就越低。蓄水池与储水罐的布置可以通过当地法规实现，绿色的停车场地可以通过透水铺装实现。地方政府可以用透水铺装重新改造一些小的街道，并在雨水流向街道边缘的地方添加雨水花园。

正如第 2 章所讨论的，地方政府可以通过发布法规将开发阻止在经常发生洪涝的地区之外，并在可能打破景观平衡和导致洪水与侵蚀的地方限制开发活动。地理信息系统地图的应运而生使得大部分地区能够更加容易地做出这样的决策。城市与城镇也可以与邻近的地方政府一同建立流域协会，这样就可以合作管理共同流域以减少洪水。通过制定法规与建设区域性绿色基础设施，例如在大风暴发生时将公园与农田用于行洪。

要想使这些措施有效，就必须广泛地加以采纳。洪灾频发流域的所有地方政府都应当使用雨水桶或蓄水池，所有地方铺路计划都应尽可能使用可渗透铺装。法规应要求在所有新开发项目和发生重大变化的任何开发项目中，停车场都应为带有可渗透铺装和排水沟的绿色停车场，并且需要修订每个易受洪水影响流域内的地方法规，以减少洪水和侵蚀。

许多大河已经有了洪水防护堤，但是随着风暴事件数量的增加与规模的扩大，即使我们所描述的所有地方保护措施都被采用，可能还是不够。荷兰在"为了河流腾出空间"的项目中建立了一种实用的模式用以应对主要河流沿岸洪水。该项目在第 2 章已经进行了详述，它在依赖堤坝的同时也允许一些事先设置的地区在洪水期间被淹没。在一些地方，河流边界的堤坝已经被撤下以获取更大的漫滩。重新研究主要河流沿岸的洪水管理和重建适应新标准的防护设施是管理因气候变化造成的洪水风险的其他方法。这个规模的工程项目基本是由国家政府提供资金的，那些很可能受到影响的区域需要动员政治支持进行必要的改善。支持这一观点的有力论据是，可以通过减少不必要的紧急防洪措施实现节约，还可以节省下不再发生洪水地区的灾后重建资金。

### 适应干旱与保护饮用水

在水资源紧缺的地区，使用纯净的饮用水来浇灌花园或是洗车可能不再是一种便利。对于私人房屋与建筑来说，节水的方式有很多，其中包括改变卫浴方式以及安装节水装置节约用水。如果每一栋建筑都能使用这样的装置，节约的水资源将是非常可观的。建筑规范可以要求使用节水设备，并且奖励措施可以包括当用水量超过预定水平时提高水费。建筑物也可以通过使用其他水源来满足法定要求，包括前文提到的用来减少洪灾发生的雨水桶与蓄水池。屋顶收集到的雨水可以用来浇灌花园或是洗车，还可以在管线系统中循环用于冲洗厕所。水槽与浴缸中的废水同样也可以用来冲洗马桶，但是所需要的管道十分复杂，垃圾研磨机、洗碗机和洗衣机的使用也是一种复杂因素。

在农业方面，滴灌蒸发所损失的水分少于喷灌，并且可能需要规范。工业生产过程方面也需要减少水的消耗或是另外寻找除饮用水系统以外的水源，要使这些审慎的措施具有强制性，可能需要州、省甚至国家立法。

若仅凭节约用水效果不明显时，最终还是需要采取工程措施。海水淡化厂就成了沿海地区的一种选择，尽管这些装置应该采用可再生能源提供动力以防加速未来的气候变化，而且浓缩的盐必须以对环境安全的方式收集使用或隔离。将淡水河口蓄水作为水源也是可行的，但是价格高昂且工艺复杂。从第 2 章中对新加坡案例的叙述中我们可以看到，这一选择适合海平面上升时咸水侵入淡水的地方。水通过污水处理厂再循环也是可行的，事实上，这也适用从其他城镇下游的河流取水的社区中。

### 适应全球食品供应的威胁

历史上，城市是在提供食物供应的肥沃农业地区中成长起来的。现代城市化已经将城市扩展到了周边的食物产地。目前为止，得益于全球农业贸易，发达国家本地的食物短缺问题已经得以克服，尽管有时候食物的质量与新鲜度不尽如人意。但是，考虑人口日益增加的情况，世界食物供应还是面临很大压力，而不利的气候变化只会使之变得更加糟糕。持续牺牲优质农业和城市化是轻率的，地方政府应该行动起来保护农业。这方面的先例包括不列颠哥伦比亚省颁布的用来保护农业用地的《农业用地保护区法案》和俄勒冈州的《增长边界法案》。应当允许地方政府通过授权立法对农业用地进行分区，并且勘测其管辖范围，来确保最好的农业用地得到保护。另一种途径是建立土地信托或是保护制度，通过对不涉及公共立法的所有权契约加以保护，确保农业用途和防止其他用途。这一选择可以涉及通过购买礼物来保障农业土地所有权的方式，或者更常见的只是确保避免与农业用地不相容或是置换农业用地的契约。从已经被划为其他用途的农场中买断开发权可以是一种必要的补救措施，但是，公共部门授予不合适的地方发展权，然后再买回，或者私人保护机构不得不买回，显然是不明智的。在城市发展压力变为现实之前，尽早对农村土地采取行动显然是最好的办法，但这需要政府或非营利组织的长期视角和长期规划。

一些因城市化而丧失的种植区域可以通过在城市环境中生产粮食来恢复。其中的一种方式就是建设温室，温室可以建立在很多城市工厂或是仓库之上。温室可以将其支撑结构与既有建筑物的结构框架结合起来，当然也可以建在新的结构中。为了推进这一方式，屋顶温室可以在区划计算时免除占地面积。在第2章中，我们重点介绍了一些有前景的原型案例。在城市中，绿色屋顶正在变得更加普遍，尽管大面积的土壤与植物会带来沉重的分布载荷。将现有屋顶改装用于种植可能很困难，但是在设计新建筑时确保其屋顶能够承载相应荷载已经成为一种惯例。绿色屋顶还具有生产食品的潜力，而不单单是作为休闲或装饰性的景观。

大多数城市也有大片可以生产粮食的空地。公共土地上的可食用景观，尤其是果树，可以由公共土地所有者直接落实。临时的甚至是永久性的农场可以布置在高速公路边缘，或是在很少使用到的停车场内安置便携式种植池。对于私人申请，需要采用灵活的区划补贴来鼓励食用景观的种植，而且应该因为这样的种植而容易获得批准，尤其是在时间有限的情况下。对于公共应用而言，适当地建立非营利组织或许是必要的，因为大多数公共机构都不具备从事这类农业的专业知识或意愿。

胜利花园（Victory Gardens）在第二次世界大战期间出现在美国，这类花园在私有土地或是公共公园中种植蔬菜、水果或是草本植物，表明公共土地和郊区庭院具有增加粮食供应的潜力。此外，可以修改那些使得在私有土地上难以或不可能种植粮食或饲养家畜的地方性法规。

## 帮助减少导致全球变暖的诱因

减少导致未来气候变化的诱因也是一件紧迫的优先事项。世界经济依赖化石燃料，由于化石燃料的燃烧排放是全球变暖的主要诱因，因此减少排放是国际谈判和条约以及国家倡议的问题。相应的措施可能包括经济激励措施，以促进对碳排放量的限制，譬如所谓的总量管制与交易制度。其他可能的改变包括电力公司增加太阳能、风力发电厂和热电联产能力，并在可能的情况下增加水力发电。减少碳排放的措施也可以用于居家附近。从生态设计的角度看，这些措施包括创造与建立更紧凑的社区以减少汽车出行的需求，并且在必须进行驾车出行的时候尽量减少出行距离。平衡交通系统使更多的出行通过步行或是自行车等公共交通的方式也能减少碳排放量。虽然我们能够立刻实施这些措施，但是首先应该采取措施减少对常规电厂的需求。

通过太阳能集热器为每栋建筑提供部分电力，这项技术在经济上正迅速变得可行，并且随着类似于为电动汽车开发的改进型蓄电池的加入，太阳能作为 24 小时能源将变得更加可行。同我们提倡的许多措施一样，太阳能集热器需要在大规模使用时才可以有显著的效果。地方法规应该保护太阳能的可获得性，避免邻近的建筑遮挡其他物业的阳光，这也非常符合区划法制定的初衷。新建的建筑物上太阳能集热器应该符合规范要求。

电动汽车可以减少高速公路的废气排放，但是它们减少的总排放量要取决于其使用的电力来源。使用太阳能或是水力供电为电动汽车的蓄电池充电是可以显著减少汽车废气排放的一个重要途径，每栋建筑都使用太阳能作为能源或是整个区域都由水力供电时，这也是一个切实可行的方案。

如果地热能能够被大规模采用的话，将是一种颇有潜力的提高制冷与制热系统效率的方式。燃料电池技术，尤其是其中的燃料来自生物材料，也可能成为减少碳和其他温室气体排放的一种方法，当然，这同样也需要大范围的使用。此外，任何提高燃烧化石燃料发动机效率的改进方法都将对减缓全球变暖有积极的价值。

## 使用区域公共设施减缓气候变化

城市可持续化需要采取超越单体建筑甚至多层建筑群规模的复杂措施。在区域层面内进行规划可以在供暖、制冷和废物处理之间产生强大的协同作用，在第 2 章末尾我们提出过一些案例。在郊区边缘的绿地或是已经城市化的填充发展用地进行新区规划时，这个规划应当为所有建筑都配备节能与节水装置，其中应当有太阳能收集器和用来收集与再利用雨水的储水罐。此外还应包含整个区域范围的热力系统，该热力系统的部分热源来自区域范围的废水系统。现在的垃圾回收与处理已经可以通过真空的垃圾系统来实现，该系统在每个建筑都设有针对不同种类垃圾的舱口，这些分好类的垃圾将集中到中央收集处，而这种废物回收与处理应当以整个区域为单位进行管理。最终，整座城市所有地区都应配备这种废物管理系统。用这种方式收集的有机垃圾可以作为区域范围能源的燃料来源。诚然，燃烧有机废物会产生燃烧产物，但是这种材料随着时间流逝最终总会降解，因此将有机废物作为燃料被认为是一种可持续的实践。郊区的区划法规应当加以改进，要求对超过指定规模的开发项目进行区域节能和垃圾管理，并在城市开发法规中增加类似要求。所有城市与郊区都应与公用事业公司合作，从而能够为适当尺度的地区基础准备好长期的能源供应与废物管理系统重组规划。

## 更好地平衡汽车与其他交通方式

在第 3 章，我们注意到车辆拥有率与使用量正在持续地快速增长。全世界的人们都被交通技术解放，他们希望具有随心所欲到处出行的绝对自由与便捷，这其中既包括短途出行也包括长途甚至更远距离的出行。这一切的后果就是伴随着普遍存在而又强烈的使用汽车的倾向而产生次数更多与距离更远的出行。汽车作为可持续程度最低的一种出行模式，正在对气候变化产生最严重的影响，同时也对人性化尺度和城市生活的平静造成了巨大影响。然而，由于机动化已经成了现代生活的最大优点，汽车依然会处于重要地位。尽管我们都必然需要也绝对希望汽车通过使用新技术变得更加环保，但一个由生态设计原则塑造的城市也应当使交通模式更加丰富，以适应更多的出行方式选择（图 6-2）。

### 平衡交通系统与快速公交系统

在第 3 章，我们讨论过在很多城市与郊区的交通系统中，快速公交系统（BRT）有多么紧缺，在某种意义上，快速公交系统能够成为得到世界范围内认可的新技术都是由于它有着远远低于轨道交通的资金成本。快速公交系统可以在每个大都市地区的商业走廊中实现跨越式发展，提供公共交通服务有助于通过支持商业走廊的多功能发展来容纳城市增长，并将开发转向已经拥有公用设施的地方，从而有利于避

图 6-2　模式的选择是可持续发展城市的一个重要优先事项。如图中所见，温哥华正在逐渐平衡汽车和步行、骑自行车以及公交车之间的可利用性

免农场与林地进行必要的城市化来适应增长。公共交通也会促进更多的步行或是自行车出行。

每一个大都市地区都应该制定规划，将现有的部分公交系统改造为快速公交系统，沿着主要商业走廊设置专用车道。每间隔大约 1 英里（约 1.6 公里），与公交站点之间的适当距离相对应，应当修改每一条商业走廊的开发法规，以保障当公共交通投入使用时，每一站周边都可以进行多样化的商业与居住混合功能开发。正如第 4 章所讨论的，除非拟定的开发符合紧凑、可步行的设计标准，并且为每个车站位置制定开发规划，否则新增的许可开发不应生效。如第 4 章中的图表所示，这些多功能的中心将位于周边四个居住区步行或是骑车可达的适宜距离内，这将使居住在分散的郊区的许多优势得以发挥，无论是单独地段的私人住宅，还是规模较小的公寓或公寓大楼。

## 提高交通安全性，使徒步与自行车成为可能

实现交通事故零死亡率是瑞典最先实行的一项政策，随后纽约等城市也相继模仿。这类政策的成功取决于汽车安全性的提高和严格的车速限制措施，但是，这也取决于街道设计中重要的改变：宽敞的人行道、易于管理的道路交叉口、自行车专用车道、公共交通专用车道以及停车场地。这些政策与大多数城市和郊区做出的适应机动车并提高车速的改变恰恰相反。在第 3 章，我们提到了纽约市为了减少交通事故发生而为街道设计提出的建议。无论在哪里，减少交通事故中的伤亡数量并使之尽可能趋近于零应该成为一项政策目标。实质性的改进可以通过画出道路标示和放置临时路障来实现。每一个城市与郊区都应研究相应措施以实施这些改变。随着时间的推移，这些改变将随着街道的重新铺设而成为永久的变化。新的街道结构将会为街道景观预留更多的空间，这对人们在街道上的体验有着积极的效果，也有助于对暴雨的管理与空气质量的提升。改善步行、骑自行车与乘坐公共交通的体验也有助于使城市更加宜居。

## 平衡长途运输与铁路客运

在其他大多数发达国家已经投资城际高速铁路时，客运铁路在美国和加拿大一直是运输系统中缺失的一环。正如第 3 章中讨论的，没有人期望以高速铁路连接芝加哥和洛杉矶那样距离遥远的目的地，但是在少于 300 英里（约 483 公里）距离时，乘火车出行是比坐飞机或者驾车更有效率的一种交通方式，高速铁路在 500 英里（约

805公里）的出行距离内颇有竞争力。北美洲客运铁路的建议旨在改善城市之间的联系，这些城市是未来人口增长最快的发展中城市集中区域的一部分，如温哥华—西雅图—波特兰走廊或亚特兰大至北卡罗来纳夏洛特。高速铁路需要特殊的轨道与火车，在美国遭到了强烈的政治反对。目前为止，唯一有可能完成的高铁方案是在加利福尼亚州。

简单地给常规旅客列车在现有轨道上的优先权，使它们能够以第二次世界大战前达到的速度前进将是目前北美洲大部分地区城际交通的巨大改进。对于亚特兰大到夏洛特之间约250英里（约402公里）的距离来说，乘坐火车的平均速度可以达到80英里/小时（约129公里/小时）。这是美国铁路公司目前在东北线路所能达到的平均速度，并不比坐汽车或是乘飞机出行花费的时间更多，甚至更快更可靠。以合理频率运行的火车还可以连接亚特兰大和夏洛特机场，一些往返于这两个城市的旅行，以及到达两个城市之间目的地的旅行，都可以通过铁路进行，既可以减少航班数量，又可以从公路上减少汽车数量。这样的数量减少已经发生在了德国与其他一些欧洲城市，这些城市都有着良好的铁路与机场之间的连接。通过不必为机场和高速公路所需的部分运力改善提供资金可以使铁路服务的改善获得资助。当然，高铁服务可以将亚特兰大和夏洛特之间的旅行时间缩短到大约1.5小时，这将是一个非常优越的解决方案，也是与欧洲城市、日本、韩国和中国相比保持竞争力的必要手段。

在多数城市地区实现有效的、受益最大的城际轨道交通服务需要所涉及的州与省联合起来。如果沿着这些铁路走廊的商会和其他商业组织确信客运铁路的用处，那么这一切都会在不久的将来发生。

## 实现消费者喜欢的紧凑、混合使用和可步行社区

在第4章中，我们将注意力转向城市和郊区的形态以及私人开发的法规，这些法规扭曲了城市模式，使其不适宜居住，管理成本较高且对环境不敏感。我们发现当前法规根本无视环境生态系统以及人们因为体验的因素而对充满个性的复杂地方的喜爱。当前的法规将不同功能和密度的地方分开，只注重特定的方面，从而失去了在城市经验方面的整体感觉，并且反映不出自然特征。这些法规过于简单、僵化，由于人们的需求和期望不断变化，因而经常过时。实施生态设计需要更加自主和交易性的方法。

### 建筑的生态设计需求

当人们想到他们的生活状况时，什么会鼓励他们更加负责任地对邻里和环境进行思考？首先，他们必须有能力对自己做出的选择负责。尽管通过改善城镇设计和环境管理方法的措施能够解决许多问题，但是这些措施自身并不能解决社会的所有差异。然而，如果能够通过设计容纳所有收入阶层居民的社区来减少集中贫困的地区，并且创建一个帮助人们在大都市区域的任何地方都能够进行工作的全面的交通系统，那么会有更多的人在追求个人幸福的时候有更实际的选择。

通过填充而不是继续向外城镇化来增加开发密度和多样性的方式，并没有得到广泛的认可。"城市"与"密度"这样的词语给了那些已经选择离开城市的人们以警示。在郊区的重要街道上排列停车场的商业条带是有效的土地储备，拥有乡村土地城市化时需要建造的所有公用设施。正如我们在第 3 章中所看到的那样，如果得到交通支持并改变法规，允许在商业区进行住宅开发，那么这些乡村土地就会以中高层公寓、小型办公室、商店和餐馆这些多种功能相融合的形式进行更好的发展。这些地区人口密度的增加对邻近社区几乎没有直接的影响。快速公交系统提供了一种在这些走廊上增加交通的方式，而不需要建造高成本的铁路。正如我们之前在第 4 章讨论过的，这对于想要搬进来的人可能存在阻力，但是对于不想再供养住房的老年人和刚刚开始在这些郊区社区定居的年轻人来说可能是一个机会。在一些富裕的郊区，位于这些廊道的公寓对于那些在社区工作又想要居住在社区的警察、消防员和教师们是一个好的选择。如果改变法规允许土地功能混合使用的话，那么现在的一些不太成功的购物中心和办公区也可以成为支持多元发展的土地储备。喜欢郊区住宅的人们将会继续选择住在这里，而已经在郊区投入的大量投资也不会消失。但是，在商业走廊、办公园区和商业中心使用这些土地储备会为郊区生活增加城市的便利性并提供更多的可选择性，同时避免了开发对周围景观的压力。正如第 4 章所言，许多这样的情况实际上已经出现，表明需求已经存在，在等待着开发。

目前，更大的问题是这种发展模式正在强化最不可持续的消费选择，这种发展模式很难建立与环境之间的和谐关系。我们城市的改革在很大程度上取决于消费者趋势的转变以及政府法规的改变。在第 4 章，我们对第二次世界大战之后城市和郊区从紧凑及适宜步行的模式到大规模分散化模式的演变进行了分析，概述了重新唤醒核心城市，让高密度生活更舒适、更有吸引力、更包容，以及振兴古老却曾经很亲切的市内社区等主题。辩论了邻里的概念仍与城市基本街区的建设有关，建议在城市边缘的新社区采用不同的模式。我们还讨论了如何将物理上和社会上多样化的住房类型、混合用途建筑和可步行性重新纳入体现第二次世界大战之后郊区发展方式的广大住宅区和商业区。

我们应该如何实现这些新的想法并且同时还能让很多人都满意呢？要记住城市是法规的产物，而消费选择会受法规规定所影响，重新设计法规来激励所有这些令人满意的目标是至关重要的。为了达到这样的目的，法律法规就必须具有灵敏性和灵活性，并且要将创新和创造力融入法规框架，而不是使它们成为特殊例外。此外，法规的行政管理还必须允许对话和实验，既重视所有观点，也重视真正的城市专门知识。换言之，法规以及对相应的行政管理必须是自由裁量和交易性的。

## 动员以使法规更具有自由裁量和交易性

使法规体系的许多因素变得灵活能够促进私人开发与政府引导之间的合作，从而能够以一种更加全面和明确的设计方法来处理问题，就像我们在第 5 章所描述的纽约炮台公园城和温哥华的福斯湾北区的发展那样。这样的结果可能会将生态和经验因素整合起来，某种程度上而言，这将为消费者创造一种更具吸引力的产品，并且使私人投资和当地政府都能从中受益，2010 年奥运会的温哥华奥运村就很好地说明了这一点。它可以利用单身的年轻人和空巢老人这样的特殊城市居民的自然和不确定的需求，但是它也可以建立真正的新的需求去吸引更复杂的人口群体，比如有孩子的家庭和单亲家庭。

如果法规体系能够接受消费者所能想到的一切舒适的日常生活，并且以一种有吸引力的方式激励一切事情的进行，同时鼓励更多对环境负责的产品和实践，那么毫无疑问地，更多的消费者将会对其给予关注。如果开发管理过程中引导土地价值，将其作为一种支持公共物品成本的方式来鼓励优先行为，并且保持对新思想和实验的开放意识，那么开发法规就能达到消费者真正想要的结果。

对城市或郊区开发法规进行全面修订是一项非常艰巨的工作。现有法规已经对房地产价值产生很大的影响，开发者和他们的顾问是现有法规体系的保护者，因为他们知道如何处理现在的法律问题，提醒市民正确地对待那些可能会使他们的社区发生重大变化的提案。相比较而言，进行部分修改更容易一些。在美国和加拿大，以特定不同名称命名的特定区域开发规划和区划已经被广泛接受，这是针对属于一个所有者的大型地产项目的、允许其更加灵活地安排土地利用和进行街道规划的方式。

传统的邻里开发条例是一种变异，使得开发商回到之前常见的设计标准，那时汽车所有权变得如此普遍以至于取代了其余现代条例中的要求，这一标准同样适用于属于单一所有者的财产。此外，在美国一些司法辖区内，允许特定的规划（在加拿大称作官方开发规划）向指定区域内的多个业主开放这些相同的定制开发机会。对于有边界限制的特殊地区，进行部分或全部的法规修改也是可能的，尤其是在预计重建会对一个地区产生重大变化的地区。特殊区划的街区还可以用于加强历史领域，要求新的发展与现有的发展保持一致。

建筑师安德烈·杜安尼早就开始倡导断面区划的概念。基于横断面的准则是一种建立于传统社区发展基础上的开发法规的思考方式。横断面是由六个混合功能区组成的一个系统，以密度为基础，而不是以土地使用为基础，并要求街道平面图采用传统的小街区尺寸。大型的开发并不适合这一制度，例如医院和商业中心应该被视为地区并被区别对待。这种思维方式引发了许多人的兴趣，因为它似乎开辟了一条摆脱传统法规限制效应的道路。然而，由于难以进行全面的变化，遵循基于横断面设计方法的大多数开发被批准为计划开发、传统邻里开发、特殊区划和特定规划。[1]

大多数著名的新城市主义开发之所以成为可能，是因为遵循了传统的法规开始实施，但是这些变化也增加到现有法规"大杂烩"中。最重要的是，这些特例是每年按照传统法规进行的大量开发中的小部分。

为了重塑大多数的开发，需要审核一系列的法规。为了规范私人开发，应该有区划、相关设计导则或规范、建筑规范和细分条例。为了塑造城市公共的一面，应该有街道标准以及消防、卫生、安保等问题的具体要求。

制定好的开发条例需要一些必不可少的特征，这样才能充分利用城市的变化，避免最坏的情况发生。首先，必须要有一系列的开发表现预期，包括一些强制性的基本需求以及对其他需求的一系列选择，还要有对其他设计组成部分进行自由裁量的清晰范围。固定的需求越少，就越有必要在不同形式的性能偏好或规范中编制潜在的可支持的结果。其次，必须通过允许自由裁量的批准来为灵活性的需求做准备，从而能够适应一些意外却积极的潜力。换言之，法律应该允许考虑法规具体措辞中符合甚至超越规范的新的解决方案。最后，对于好的开发表现必须予以奖励或奖金，这些奖励金额将内在地抑制那些不令人满意的结果出现。在区划中，这些理念集中汇集在自由裁量文本中，轻则直接进行定量，重则提供临时机会，这些区划法得到了更详细的指导方针或通常被称为城市设计规范的支持。同样的结构也可以用于土地细分，因为这是一个经过高度谈判的过程，需要在许多政府部门之间达成协议。

在更需要固定需求的建筑规范中，可以通过增加同等效力的条款引入一些灵活性以处理一些类似于遗产的特殊案例、涉及独特的场地设计环境或是仅仅为了创新。

这些创新的案例遍布欧洲和北美洲一些成熟的司法管辖区，包括纽约、芝加哥、多伦多和温哥华。面临的挑战则在于将它们全部纳入一个全面的法规框架，从而使这个框架成为在日常使用的所有类型法规中，都满足最佳性能、最广泛创造性和有效激励的测试。

由于在自由裁量的法规体系中对各种表现的宽容和对意外表现的开放性，按照这些规定制定规章和批准发展的过程也需要是交易性的，而不是严格的程序性的。现在的城市和郊区开发法规的重要作用就是在竞争利益中充当经纪人的角色，假设这一角色需要涉及和感兴趣的人们在设置原始参数时广泛参与。之后，在持续不断的基础上，它还需要根据专业资格和经验进行复杂的谈判和决策，从而在做出决定时能够确保投入的所有利益，因为这个决定是由邻居、利益集团、具有一般观点的公民以及技术和专业同行共同决定的。交易发展管理是由公共和私人利益相互支持的原则驱动的，从而使所有的利益都得到充分满足以激励相互加强的行动。它应该是比通常的法规程序更为具体的决策方法。

类似这样的交易系统已经得到了广泛的实践，并且已经经受了长时间的法律考验。这是对土地重新区划的过程，几乎每一个政府法规管理制度中都发生过这种情况。因为地方政府没有义务给予批准，而私人开发倡议者也没有义务开发任何东西，人们是自发合作的。因此，赋予不同开发权利的条款或重新区划是根据地点、提案和参与者的具体情况而定义的。有时它是相当系统规范的，而在其他时候则非常随意，但总能通过谈判找到利益平衡从而向前迈进。这种自由裁量的灵活性和裁量需要在法规范围内扩展，而不仅仅是法规改变的时候才会出现。

自由裁量制度和交易发展管理程序的议程可以适用于现代城市的任何相关事物，没有什么复杂的东西是无法纳入的。它可以调解邻里冲突，在体现现实自然环境和人类期望的细微变化中调和聚落和生态。随着时间的推移和新的理解的出现，它可以进化和改变公式。这些能力与环境协调的快速发展要求特别相关，而在过去，环境协调在大多数市政法规制度中几乎没有得到关注。随着时间的推移，一个城市可以追求更好的议程，以此持续保持处于知识和社区偏好的最前沿。

然而，还必须指出的是，从完全预先确定的制度转变为交易性的自由裁量制度在政治上可能是困难的。现状制度有许多受益者，不同的城市和国家有不同的法律框架，并对合作或诉讼有不同的倾向。政府的能力和竞争力在不同地方有很大的不同，而且信任程度也各不相同，不同地方市民的态度可以形成鲜明的对比。法规体系和实施该体系的过程可以被看作是一个连续的过程，从严格遵守到高度灵活。每个社区和地方管辖区必须衡量在这个连续的过程中如何使社会利益、公共和行业的接受程度以及政府能力在多大程度上达到最好的平衡。每个社区还必须决定系统和流程的应用议程。这是一个社区意识的问题，是人们在当前和未来意愿的不同方面所赋予的紧迫性。不是每个地方都有一个固定的模式，因此它们都必须找到适合自己的答案。

虽然美国、加拿大和其他地方的法律框架有很多不同之处，但是开发商都喜欢反复地和居民说"您只需要告诉我们需要做什么，然后就可以放手让我们自己来做"这样的话。然而，如果开发商可以通过将土地换到不同的区域或修改现有的法规来达成优势，他们会非常乐意这样去做。认为区区一个基本的规则手册就是有效的开发指南所需要的一切，这种想法是天真的。要想涵盖一个项目内可能发生的意外事件，就需要大量的法律起草技巧。基本的原则是，如果你想要一个简单的条例，那你就需要允许自由裁量权来管理它。如果你想尽量减少自由裁量权，那么你很有可能就会得到一个非常复杂并且很有可能不会有效的规则，因为它们太难理解并且不可避免地不会涵盖所有的意外情况。想要起草法律，既允许行政自由裁量权又能够保持法律框架，其关键是设定管理者或公共机构对单个项目做出决策的限制，然后通过建立做出这些决定的标准来支持这一举措，成功实施这些法律要求每一项行动都要尽可能的透明。

拥有一个允许在规范发展中进行行政自由裁量的法律框架，实际上会使许多地方的调控体系更加严格。很多城市和郊区的法规与当今的发展现实格格不入，任何新项目都需要区划变更、街道封闭或地方议会的其他政治决定。今天很多地方都被有效地划分为"来找我们聊聊天"的区域，因为书本上的规定都是过时或过于僵化的，几乎没有任何发展可能的，且它们显然也不能涵盖复杂性和无尽的多样性，而正是这些复杂性和多样性形成了有吸引力、成功、不断变化的城市。

纠正现行管理制度的过时现象对实现生态设计至关重要，需要改变法规的结构和目标以及法规汇集和持续应用的过程。法规条例不应只是避免最差的后果，它们应该尽可能地产生最好的结果。

即使被认为是有益的，要怎么做才能使一些复杂的目标获得应有的回报呢？税收和民间借贷在这个过程中肯定会有所作用，但这些资金来源永远不足以达到人们今天期望的质量水平。在某种程度上，我们应该期望法规体系创造机会来做一些正确的事情，同时创造自己的财富作为另一个来源，去做一些超出正常利润范围的正确事情，这种期望是自由裁量和交易系统的主要目标。

## 利用发展权和土地价值之间的关系

我们已经描述了当前有关环境的法律规范盲点，它们不利于创建紧凑的、混合功能的中心和适宜步行的、混合收入社区。但是，在关乎我们的城市形态和内容的现存法规制度中，最深刻的盲目性是法规和土地价值因果关系的盲目性。大多数地方政府当局对于城市土地和发展经济学的理解是模糊的。这有时是有意的，因为他们认为一个有道德的政府并不关心发展是否能够获利。私人开发的支持者通常不想谈论他们的财政状况，他们不希望竞争对手了解他们的交易是如何构成的或者是让公众知道他们赚了多少钱。这些沉默并不否定当城市经历变革时财富进行的流动。我们必须记住的是，除了在最死气沉沉的市场，住房和建筑物的价值并不是建造这些建筑物的成本的总和，相反，价值是基于人们愿意付出多少代价。在受欢迎的市场，人们准备支付大幅度超出实际预计的成本，这种差异推动了整个行业发展的滚滚财源，甚至说明房地产有时是一个风险很大的行业。法规框架在生成和维持财富方面的作用根本没有得到承认或认可，显然也没有得到量化或是指导。即使在特别批准进行重新区划的普遍实践中，在市政厅内也很少用战略方法来管理区划变化与由这一变化导致的土地市场价值不可避免的变化之间的关系。事实上，许多规划者和政治家对这种转变的意义、具体的价值调整是什么或者由谁获得这些一次性的利润均知之甚少。人们经常能看到市政厅工作人员的报告，预计被批准开发项目的长期税收影响，但是预期土地价值变动的报价频率是多少？这个问题对于实施可持续和宜居的城市和郊区至关重要，因为我们需要市场和道德建设实践来相互促进。

让我们先停下来回忆一下土地估价的基本现实。关于城市土地经济学的更完整的解释可以在别处找到，但是这里有一些基本的事实。在城市和郊区，土地价值取决于在该土地上可以建造什么以及可以用来做什么的区划规范。一个审慎的开发商将会系统或直观地通过计算开发的所有成本（包括开发商建造产品的合理利润），并将其与最终建造产品的售价进行比较，确定他或她根据现行法规可以支付的土地价格，以及确定剩余的土地可以支付的金额，这种分析称为形式分析。通常而言，项目土地价格的确定方法称为剩余土地价值估算。我们很容易看到，如果政府允许更集约或更有价值的土地使用，那么为土地支付的建设资金就会更多，这通常被称为土地价值提升，这笔意外金额可以作为一次性收益支付给现有土地所有者，或者可以代表开发商的第二级利润。

显而易见，开发商肯定能够在建造的建筑产品上获得基本的利润，否则，这些建筑就不会被建造，开发商本身是没有倾向或动机去建造建筑的。不同的城市，利润可能是不同的，因为开发的风险是不同的，但总会有一个基本的利润水平。除了基本利润之外，当一个城市议会赋予以前被认为获得最大开发量的地块额外的开发权利时，了解谁享有第二层次的利润，即土地价值提升，是很有启发性的。答案决定于何时以及如何授予新权利。原则上，在法规变化时控制土地的任何人都将有望成为土地价值增加的受益者。然而，土地市场的日常交易是以微妙的方式进行的。如果知道甚至怀疑开发权变化（例如通过一项已获批准的计划或政策，甚至是在街上的谣言），即使现有的土地所有者不参与权利的变更过程，也不参与随后的开发，他们也希望分享一些土地增值。因为这一点，这些股份作为土地交易的一部分进行谈判。土地市场不像一个完美的机器，它会根据知识水平、分析倾向和土地交易双方谈判人员的能力而有所不同。例如，如果土地所有者不知道开发量可能发生的变数或者在出售土地时没有考虑到这些变数，那么他们可能已经不得不从土地中减少所要获取的收益了。然而，最终，经常会产生分享收益的结果，并且真正的开发商通常在这样的讨价还价中处于不利地位，因为他们实际上想做一些事情，并且绝对必须拥有土地来做。相比之下，现有的土地所有者在某种程度上是投机者，他们为自己的财产寻求更大的价值。他们经常等到条件最适合他们的时候才进行最大价值的销售。主动玩家想要最终确定土地交易，而被动玩家会考虑等待时间。

如果开发权的可获得性能够以一种认识到土地价值变化的战略方式得到应用，那么土地价值的提升就可以被引导，从而成为保证高标准履行和交付公共产品的来源。这基本上是正确的，因为开发权会通过重新区划而发生变化，但是如果一项法规中的不同开发权通过利用自由裁量区对公共物品进行不同程度的履行或交付来提供也可能是正确的。如果土地价值提升被一个不打算对土地做任何事情，只想卖掉土地并拿走利润的初始土地所有者榨取，那么它就不会对公共产品有利或者促进适当的开发。如果土地价值提升的主导权到了实际能做出改变的开发商手中——记住它代表了一种超出基本利润的资金来源——这些增值的部分就可以被投向更好的功能或是公共产品，也许只有一点点增值，它也可以一直作为开发商参与整个过程的动力，直到项目完成。

在重新区划的情境下，实现财富最大化需要通过将更有利可图的开发责任清晰地作为先置的政策，以及最好是在区划时作为一个真正的开发商进入情境中。审慎的政府不会批准额外的建设密度，除非它与公共利益有关，否则政府不会随便批准，这个事实经常被遗忘。区划表面会吸引正确的开发，急于实施区划的市政当局会预先分区，而对功能或便利性方面没有投资期望。这种做法会有双重的负面影响。首先，它会鼓励现有的土地所有者什么都不做。其次，它通过在谈判过程中不考虑公众期望的方式欺骗了购买土地的实际开发商。如果事先清楚地知道这些公众期望的话，那么开发商就可以将它们纳入"给定成本"进行形式成本分析，因此不会愿意为土地支付更高的费用；而如果这些期望含糊不清且没有纳入形式成本分析的话，那么开发商就会进行错误的成本预估，结果看起来就会有更多的资金可以支付并且预计更多地支付到土地上。但是，这种情况的后果就是开发商在购买土地后就没有多余的钱来平衡公众的需求。为了满足公众期望，开发商必须挖掘基本利润，而开发商根本做不到。

在可变权利或自由裁量区划内批准开发的情境下，通过仔细地阐明带有绩效性质的每一层级的开发机会以及随着机会带来的公共产品投资期望之间的标准使得公共目标的资金得到保障。这种方法能够确保每一层级的开发机会都有足够的土地提升，以支付公众期望的成本，并且有足够的动力激励开发商利用更高层级的机会。

不论如何，更高层级的开发机会可以被看作是一种激励，只要它的成本已包括在内，之后仍然被视为有吸引力。当然，这一制度只能在有更高开发层级的实际需求的情况下才能发挥作用。否则，唯一有吸引力的措施将是政府直接进行补贴。在这种情况下，诸如增值税金融区之类的工具，或者是投资停车库或关闭关键街道以聚焦利益和私人投资种子的措施都是很重要的。一种战略性方法将从单个项目着眼于更大区域不断变化的吸引力和价值。它可以包括开始对市场需求不强时的项目的直接补贴。如果开发本身是具有吸引力的，它将通过吸引消费者来建立需求。随着需求的增长，补贴减少，与实际利润驱动因素相关的法规激励将会增加。在需求强烈之前，可能还需要补贴一些令人满意的开发的组成部分。一旦需求开始旺盛，就可以进行利用。

土地价值的基本经济真理在于自由裁量的法规体系并赋予它权力以发挥作用。这就是为什么交易系统是必要的原因，因为要根据开发绩效调整土地价值增量，需要一种微妙的理解和协商。在城市和郊区私营部门实施生态设计的底线是开发的资金可以明确地进行安排以确保建设出未来需要的场所，而不触及开发商必须享受的基本利润，从而得以在市场生存和繁荣。

## 建设支持人和环境的公共领域

在第 5 章中，我们认为城市的基本功能和基本形象是由其公共领域决定的。大城市提供了一个具有凝聚力和支持性的公共环境，在这个环境中表达了社区最前瞻的想法，同时也保护了历史最悠久和最有意义的地方。

图 6-3　公共空间可以为人们提供社会、经济和环境的机会，超越我们经常看到的运动和娱乐功能。科罗拉多州阿斯潘（Aspen）的这个街景在这方面就做得很好，表明了具有创意的公共领域不仅限于大城市或大型项目

　　可悲的是，近年来城市的公共土地经常遭到破坏，它们的发展和维护很差，这是由于采用了没有考虑人类需求复杂性的标准所造成的。它们被挥霍和浪费在不必要蔓延的单一用途上，因此已经被放弃了。与私有财产一样，它们的开发没有考虑自然系统，而且它们能够促进生态系统连接网络的潜力也被忽视了。我们概述了对公共空间的社会需求——最大化经验维度——以及对公共空间的经济需求和对公共空间的环境需求（图 6-3）。我们还提出了结构性原则来改善和加强公共领域，并强调了有时可能需要和必要的渐进式改进和大规模变革。现在仍然存在两个问题，我们该如何改变过去的做法以及如何实施公共土地的愿景来丰富并满足我们的集体需求呢？

## 政府内部变化的组织和过程

　　在公共领域提供先进的设计和管理解决方案需要改变我们在政府中的工作方式。它涉及为城市建设的既定方法建立选区和容量，以及改变我们创建和管理城市联邦的法律框架和财政安排。城市治理现状的大多数方面都在引导我们远离宜居性和可持续性。我们必须从应用标准和规则转向创造一个整体设计，同时必须让人们更多地参与决定城市的公共空间，而不仅仅是在最重要的地方才如此。

我们可以从提高每个人的意识开始，这一改变是必要的。我们可以改进生态设计原则并提供案例，使人们了解现在可以做得比过去更好。在第 5 章，我们展示了许多填海造地的个案和示范实践案例。然而，要想取得成果，需要做的事情远远超过宣传所讲的。实际上，人们越多地参与公共领域的决策，就越能理解结果、拥有结果，并倡导更好的结果。与作为消费者和选民的公众交往至关重要，这样做将需要公众的强烈参与，为对话、双向信息共享、学习提供持续的机会，并将人们的想法输入政府对城市景观的决策中。许多技术必须与市民合作才能加以应用，但同时我们也必须具备接受讨论产生结果的道德观念。

公众参与技术，作为自 20 世纪中叶以来丰富的遗存，必须重新发挥作用。现在再加上最新社交媒体技术的应用，可以使我们接触更多的人，并且比以往任何时候都更能够直接地交谈。我们需要创造性地讨论以激励人们详细讨论其对未来的想法，而不是那种限制思想的官僚式批评。在强调不可避免的限制思想之前，可能性的"集体梦想"必须得到解放，以便新的思想有机会发芽和被采纳。这个过程需要包括考虑不同的情景，使用人们可以理解和判断的真实案例，以这些方式与人合作有助于开拓人们对公共领域丰富潜力的思考，也有助于以一种比现在更基本的方式提出满足个人和群体需求的想法和设计。

随着人们意识和理解的不断增强，我们将在民主进程中为了制度和管理技术的改革而设定阶段，公共环境要通过这些制度和管理技术来界定和管理。第一步是利用一个完全明确的政策平台，为指导数百个单独的改革和补充法律框架提供概述和明确方向。然后，就像私人开发一样，规则、标准、法规和规章需要重新平衡，以纳入更多样化的人文关注和生态关注。此外，还要制定、出版和采用涵盖人文和环境绩效特定情况的设计导则以塑造和激励公共场所。然后，必须修改现有法律的格式和内容，以反映公共场所利益的原则和目标以及利益平衡的精神。为了避免错误的做法和激励改进，我们甚至可以加入更进一步的促进措施，如土地契约和财产保有权安排。

## 最大限度地促进政府间的协调

遗憾的是，地方政府通常不能完全接纳整体的生态设计方法。那些令地方政府尽可能贴近人民、对人民负责的值得称道的根本目标导致整个大都市全系统责任的碎片化。城市地区通常分为许多市政辖区，这样可能会发生地区政府的重叠。政府边界一般不会迁就生态区。多伦多和明尼阿波利斯这样的大城市政府经常被当作案例来示范解决这些问题的方法。然而，这些合并产生了其他的矛盾，并且在任何情况下我们都不主张在试图解决跨越司法管辖权问题之前等待完整的政府重组。对城市的社会和环境地理的敏感性可能会导致跨越市政边界的合资企业或地方政府和地区政府之间的正式职责划分，从而使行动者的安排能够适合连贯和动态的公共城市景观解决方案的地理环境。关键是围绕具体问题组织合作，比如管理流域，而不是将合作当成一个抽象目标。一个很好的案例是多伦多区域保护局，它为该地区的许多城市带来了共同协作的可持续流域管理。

## 加强各国政府的业务和知识基础

因为公共服务中的每个人都需要新技能，因此能力建设是一个重要的先决条件。可持续城市主义的基本规则、常见的最佳实践以及城市设计艺术理念（如新城市主义）必须成为市政机构的共同知识。市政厅的各种力量必须了解城市土地经济学的基本工作。有前途的做法必须为政治决策者和指定的决策者所知晓，其背后的思想必须转化为典型的市政当局领导既能理解又能与选民沟通的主题和术语。美国城市设计市长研究所和加拿大城市联合会的工作坊和培训项目是能够示范如何帮助市政当局领导对城市设计做出适当决策的好案例。

我们提供了新技术的许多案例来构想建设一个公共领域甚至整个城市，指导原则是在团队中进行多学科设计。团队可以将城市建设的技术学科与环境系统科学、人文城市主义的社会科学和三维表达的艺术结合起来，以获得更精细、更合适和更令人满意的结果。这个过程不只是各个学科仍然各自独立地在近乎隔绝的工作室或办公室工作的一个联络活动。它通常涉及实际的合作设计过程，在密集的工作坊活动中进行面对面的交流，通常称之为"沙雷特"，其中包括社区和非专业人员的参与，以确保共同的使用者视角。这样的设计模式促成利益的达成和公共与私人关注的和解，以实现各种人都可以在最终设计中看到自己想法的精细的平衡。在这种密集的参与无法实施的情况下，例如城市每年在公共领域进行的数百次干预，那么至少在主要类型和典型标准方面，利用有效的同行审查和公共监督方法作为后盾，实现相似类型的多学科和多利益投入是至关重要的。

当我们重塑公共领域时，必须随时进行监督和评估。我们有很多东西要学习，其中很大一部分将是实验和使用后审查。对于评估，谨慎的做法是系统地定义绩效测量和基准的目标，包括技术审查，以确认复杂的系统和环境措施该如何扎根；收集消费者的反映以看到用户的满意程度，以及检查是否修改行为也正在根植。遗憾的是，监督和评价几乎从来都不是系统地由政府或私营部门进行的。当这些研究在学术界完成时，它们的经验很少作为一种变革性的商业或政策实践应用于政府或私营部门。看起来似乎从来没有足够的金钱或紧迫感来维持监督和评价，但我们能找到的方法越多越好。

## 通过试点项目寻找解决方案

　　一个强大且实际的益处来自开始改变。试点项目是一个很好的方法，不仅可以在包含所有复杂性和混乱性的现实情况下测试新想法，还可以衡量公众的反应和建立公众的需求。这就是为什么北美的新都市主义项目是重要的典范，虽然与大多数标准的开发相比，它们是少之又少的。一旦被人们所接受，当地的创新项目往往会为之后的所有项目树立一个新的标准，从而成为消费者期望的新标准以及专业人士挑战自己做得更好的基础。它们成为市场营销的明显工具。一个很好的案例是，自2000年悉尼奥运会以来，运动员村在后续历届奥运会上的环境表现都有所改善。从环境角度看，每次奥运会的村庄建设都有望做得更好，每个村庄都对其所在地区和国家的发展实践产生了重大影响。人们可以对理论表示怀疑，但是当他们可以访问和体验不同环境，并得出结论以及怎样可以在下一个试点项目做得更好时，他们很容易就会相信这些理论。在温哥华世博会建设的创新公共领域彻底改变了人们对于城市应该如何进行整体升级的期望。试点项目成为标准，标准继而成为规范，而规范最后就会成为一个新的现状。

## 募集资金

　　地方政府管辖下的公共环境通过多种来源的资金直接投资来形成和改变的，包括各种形式的地方税，中央、州或省级政府资金以及通过借贷来增加的用户费用。财产税、销售税或其他主要税源的一般税收永远不足以完成现代人期望和公共领域需要的改善程度和质量；政府资金可用于一个目的，但不能用于其他同样重要的目标；用户费用通常难以支付运营成本。因此，增加新的收入形式是必要的，有机会征收更多基于用户的税收。由直接受益人随着时间在常规税收的基础上增加支付少量附加税收的地方改善评估可以弥补地方升级改造的费用。税收增值融资区，简称为TIFs，是利用未来发展的预期税收收入支付升级改造公共基础设施以支持新的开发和整个邻里社区的一种方式。对商业改善区的特别税务评估为公共改善提供管理资金和适度的资本资金。一些司法管辖区正在将组织和政策纳入慈善事业计划。正如我们已经概述的，一个非常可行的公共领域资金来源可以从开发过程本身获得，通过提供一个自由裁量区划体系来增加开发的数量、类型或规模,以增加外来居民或工人所需的便利设施,来换取对升级改造公共基础设施的贡献。

在我们的眼前也有资金来源,但我们通常是视而不见的。在构成任何城市公共环境的大量地产中存在着巨大的空间浪费,大片土地上的基础设施还在毫无效率的蔓延。这些土地上有一类被压抑的资产,通常可以对其进行更好的利用。与我们在城市中为了其他事情而做的土地消费相比,当我们打开一个通向高速公路的入口匝道就是在为这个单一的活动消耗特定的面积,而这一个匝道的面积是家庭住宅用地面积的好几倍。想想我们在家里完成活动的多样性,再想想那条匝道单一重复的功能,两者相比有多大的不同。公用基础设施还常常蔓延到重要的环境资产,一个重要的市政目标是找到恢复公平和生态特征的方法。我们回顾第 5 章的启发性案例,包括在一些大胆创新的城市中看到的拆除高速公路和地下交通方式,对市政土地所有量的审计发现,主要公共资产位于陈旧或低效的基础设施之下,这些基础设施可以重建供公众使用,并利用私人开发的一部分来支付公共设施的重建和其他改进。如第 5 章所述,这些土地也可以用作投资组合的基础,以产生可持续收入或杠杆借款。

至关重要的是,这些资金来源不能以特别的方式管理。资源永远是缺乏的,也总有很多比资金优先的事项,因此各国政府,特别是筹资机制有限的地方政府,需要仔细规划支出。这意味着要为每项投资使用最佳类型的资金来源,包括考虑用户和受益人的态度。这也意味着随着时间的推移要协调资金,使替代方案不会成为财务上的惊喜或压力。实现这些目标的最佳方式是完成一个连贯的融资增长计划,将这种创业观点增加到传统的资本预算过程中,从而根据人们的长期愿景全面地利用所有的资本来源,并根据实际的优先事项部署资金。这样的计划可以有助于设定支出和借款的节奏,在选民被要求支持债券发行和新项目时,他们可以理解这种方式。

地方政府的规划权力和预算策略之间存在着巨大的潜在动力。一方面,激励偏好改变的有效方法是将公共资金用于这些改变。正如我们之前指出的,将资金从道路建设转移到公共交通有利于更密集的发展。另一方面,战略性、计划周密的和大众化的改革可能会增加税收潜力。例如,沿着现有商业走廊和未充分利用的场地(如购物中心、办公园区)进行填充开发创造了上涨的税收载体,同时也防止在大都市区边缘的新基础设施投资的高成本。这种金融的良性循环将会有利于公众。

## 结语

我们将永远生活在某种生态系统中。现在显而易见的是,在可预见的未来,我们大多数人也将一直生活在城市或者郊区。如何使环境与人类居住相协调，以及如何处理不断增长的人口所带来的影响，将最终使人类进化或者走向灭亡。即使预测的危机没有在我们这一代发生，但我们也仍需谨记这一点。在今天，超过一半以上的人类生活在城市及其相关的城市地区，而这一比例仍将在 22 世纪持续增长。

每个城市地区目前都在破坏所处的自然环境。随着城市化规模的扩大，腹地扩展变得越来越普遍，自然修复的潜力正在急剧下降。只要人类的居住面积还不足够，人们就可能会持续污染环境和继续发展，以前这种情况会自身逐渐进行修复，但是现在已不再是这样了。我们必须建立直接修复城市系统的机制。事实上，未来的城市应该对其主体生态系统产生积极的影响。这样在小规模范围内我们的聚居环境才有可能更为宜居，有时甚至是可以恢复和支持生态环境的。小规模开发的多样性和灵活性已不再可用。今天，必须非常谨慎地塑造广大的城市地区，不仅要满足所有人的功能需求，还要满足情感需求。此外，不仅要照顾个人需求，还要满足人们集体的社会抱负和期望。

我们目前面临着巨大的挑战，它将在公共财产和私人财产两方面改变城市的结构和基础设施。生态设计作为环境责任和进步的城市设计伦理和实践的融合，提供了基于这些改变的原则和整体愿景。许多人已经在探索和实施符合这些原则和愿景的解决方案，尽管还不足以使其成为现实（图 6-4）。但是，它们必须成为现实。地方政府必须做好准备，为了更好的环境和生活做出重大的和真正的改革，建立一个更加公平和包容的社会，既要履行自己的责任，又要为社会其他人和机构树立一个

图 6-4　越来越多的人正在为社区的结构和基础设施开发新的思维模式，以解决人类所面临的环境问题和社会挑战。位于温哥华东南福斯湾的 LEED 铂金地区就是这方面的先锋

榜样。这对于开发社区也同样有效。市民作为个人和利益集团必须参与和保持警惕。在这本书中，我们阐述了一个每个人都能接受的方向，这个方向建立在成千上万名工作者所进行的伟大和很有勇气的工作的基础上，未来几年这一方向将由更多的专业人士予以阐述。城市和区域实现生态设计是必然的，如果不实现的话，我们生存的环境将很快变成一个在气候和生活方式上远远低于现在所生活的现实的世界。最终，采纳本书中概述的原则将是确保我们生存的一部分。

# 图片来源

## 第1章

图 1-1、图 1-2、图 1-3、图 1-4、图 1-5、图 1-6：图片由拉里·比斯利（Larry Beasley）拍摄

## 第2章

图 2-1、图 2-2：图片由美国住房和城市发展部（U.S. Department of Housing and Urban Development）向媒体提供

图 2-3：图片由尼尔斯·范德堡（Nils van der Burg）拍摄，在知识共享 2.0（Creative Commons 2.0）通用许可下使用

图 2-4、图 2-5、图 2-6：图片由美国住房和城市发展部向媒体提供

图 2-7：图片由美国宇航局地球观测站（NASA Earth Observatory/NOAA NGDC）拍摄

图 2-8：地图由美国国家海洋与大气管理局（NOAA）和联邦能源管理局（FEMA）、美国陆军工程兵团（USACE）、美国全球变化研究计划（USGCRP）以及美国环境质量委员会（CEQ）共同合作测绘

图 2-9、图 2-10、图 2-11：地图由亚利桑那大学地球科学系环境模拟实验室的气候小组（Climategem）测绘

图 2-12：图片由米奇尔弗贝克（Michielverbeek）拍摄，在知识共享 3.0（Creative Commons 3.0）通用许可下使用

图 2-13：图片由安迪·罗伯茨（Andy Roberts）拍摄，在知识共享 2.0 通用许可下使用

图 2-14：地图由荷兰政府"为了河流腾出空间"项目测绘

图 2-15：渲染图片由奈梅亨（Nijmegen）市政府提供

图 2-16：图片由弗洛里安（Florian）拍摄，在知识共享 3.0 通用许可下使用

图 2-17：渲染图片由 Aquasure 提供

图 2-18：图片来自新加坡政府新闻中心（Government of Singapore Press Center）

图 2-19：图片由哥谭之绿（Gotham Greens）提供

图 2-20：图片来自 USGS 2004 的合成照片

图 2-21、图 2-22：图片由罗尔夫·迪奇太阳能建筑（Rolf Ditsch Solar Architektur）提供

图 2-23、图 2-24、图 2-25、图 2-26：地图由宾夕法尼亚大学 CPLN 702 佛罗里达城市设计工作室 2007 年绘制

图 2-27：地图由温哥华地铁（Metro Vancouver）提供

图 2-28：地图由阿拉伯联合酋长国阿布扎比城市规划委员会提供

图 2-29：图片由"关于电影"（Aboutmovies）拍摄，在知识共享 3.0 通用许可下使用

图 2-30、图 2-31、图 2-32：地图由宾夕法尼亚大学 CPLN 702 兰开斯特县城市设计工作室 2012 年绘制

图 2-33：图片由 PUSH Buffalo 提供

图 2-34：图片由拉里·比斯利拍摄

图 2-35：图片由波特兰市环境服务中心拍摄

图 2-36：图片由俄勒冈州环境质量部拍摄

图 2-37：平面图由斯德哥尔摩市规划管理局绘制

图 2-38：图片由阿里科根（Arikogan）拍摄，在知识共享 3.0 通用许可下使用

图 2-39：图片出自哈里森·弗雷克（Harrison Fraker）的《可持续社区的隐藏潜力》一书，由岛屿出版社（Island Press）出版，并经许可使用

图 2-40：平面图由 PWL 景观建筑师合伙人事务所（PWL Partnership Landscape Architects Inc.）提供

图 2-41：图片由乡村风（Country Wind）拍摄，通过维基共享（Wikimedia Commons）发布到公共领域

图 2-42：图片由拉里·比斯利拍摄

图 2-43：图片由温哥华市提供

## 第 3 章

图 3-1、图 3-2：图表由公共交通公司（Metrolinx）提供

图 3-3：图片由马里奥·罗伯托·杜兰·奥尔蒂斯（Mario Roberto Duran Ortiz），马里奥多（Mariordo）拍摄，在知识共享 3.0 通用许可下使用

图 3-4：图片由米拉特（Myrat）拍摄，在知识共享 3.0 通用许可下使用

图 3-5：图片由瑞典 66（Schwede 66）拍摄，在知识共享 3.0 通用许可下使用

图 3-6：渲染图由无上约克地区公交公司（VIVA Metrolinx York Region）提供

图 3-7：图片由翻转 619（flip 619）拍摄，在知识共享 3.0 通用许可下使用

图 3-8：图片由音乐会地产（Concert Properties）提供

图 3-9：图片由 GTD 阿奎坦（GTD Aquitaine）拍摄，并由其通过维基共享发布到公共领域

图 3-10：图片由拉里·比斯利拍摄

图 3-11：图片由索森德喷泉公寓（Fountains Southend Apartments）提供

图 3-12、图 3-13 航空照片和地图由费尔法克斯郡（Fairfax county）提供

图 3-14：图片渲染由纽约市交通局提供

图 3-15：地图由奥马哈设计（Omaha by Design）提供

图 3-16、图 3-17：地图由联邦公路管理局（Federal Highway Administration）于 2012 年绘制

图 3-18：地图由佐治亚理工学院质量增长和区域发展中心提供

图 3-19：地图来自 whitehouse.gov

图 3-20：图片由海达斯（Heidas）拍摄，在知识共享 3.0 通用许可下使用

## 第 4 章

图 4-1，图 4-2：图片由拉里·比斯利拍摄

图 4-3：图片由阿尔伯塔省艾尔德里（Airdrie）市提供

图 4-4：图片由拉里·比斯利拍摄

图 4-5：图片由戴维·山科本（David Shankbone）拍摄，在知识共享 3.0 通用许可下使用

图 4-6：图片由阿尔伯塔省艾尔德里市提供

图 4-7：图片由拉里·比斯利拍摄

图 4-8：图片由科布斯·门茨（Kobus Mentz）提供

图 4-9、图 4-10：图片由拉里·比斯利拍摄

图 4-11：分区地图由佩恩镇（Penn Township）提供

图 4-12：航拍地图由兰开斯特县规划部提供

图 4-13：图片由拉里·比斯利拍摄

图 4-14：分区地图由樱桃山（Cherry Hill）市提供

图 4-15：图片由不可知论者（AgnosticPreschersKid）拍摄，在知识共享 3.0 通用许可下使用

图 4-16：图片来自维基共享，在知识共享 3.0 通用许可下使用

图 4-17：图片由拉里·比斯利拍摄

图 4-18：图片由布伦特·布朗（Brent Brown）提供

图 4-19：图片由 NM 提供

图 4-20、图 4-21、图 4-22、图 4-23、图 4-24、图 4-25、图 4-26、图 4-27、图 4-28、图 4-29、图 4-30、图 4-31、图 4-32、图 4-33、图 4-34、图 4-35、图 4-36：图片均由拉里·比斯利拍摄

图 4-37：图片由纽约区域规划协会提供

图 4-38：图片来自《复杂》（Complicated），按照维基媒体许可证 2.0 使用

图 4-39：图片由安德鲁·博西（Andrew Bossi）拍摄，在知识共享 2.5 通用许可下使用

图 4-40：图片由拉里·比斯利拍摄

图 4-41：图片由保罗·贝德福德（Paul Bedford）提供

图 4-42：图片由拉里·比斯利拍摄

图 4-43：图片由温哥华市提供

图 4-44、图 4-45：图表和地图由华莱士·罗伯茨和托德公司（Wallace Roberts & Todd, LLC）提供

图 4-46、图 4-47、图 4-48、图 4-49：图片由拉里·比斯利拍摄

## 第 5 章

图 5-1：图片由拉里·比斯利拍摄

图 5-2：图片由阿列克山德·兹科夫 / 巴黎 17（Aleksande Zykov/Paris 17）拍摄，在知识共享 2.0 通用许可下使用

图 5-3：图片由伊丽莎白·劳埃德（Elizabeth Lloyd）拍摄，在知识共享 2.0 通用许可下使用

图 5-4：图片由乔治·斯托尔茨（George Stoltz）提供

图 5-5：图片由拉里·比斯利拍摄

图 5-6：图片由你好绿道（Hellogreenway）拍摄，在知识共享 3.0 通用许可下使用

图 5-7：图片由比利·哈托恩（Billy Hathorn）拍摄，在知识共享 3.0 通用许可下使用

图 5-8、图 5-9：图片由拉里·比斯利拍摄

图 5-10：图片由首尔市政府提供

图 5-11：图片由西德莫伦（Sydmolen）拍摄，在知识共享 3.0 通用许可下使用

图 5-12：图片由特莫林（Tamorian）拍摄，在知识共享 3.0 通用许可下使用

图 5-13：图片由德索法（Desopha）拍摄，在知识共享 2.0 通用许可下使用

图 5-14：图片由西塔·维塔（La Cita Vita）拍摄，在知识共享 2.0 通用许可下使用

图 5-15：图片由超越认知（Beyond My Ken）拍摄，在知识共享 3.0 通用许可下使用

图 5-16：图片由吉姆·亨德森（Jim Henderson）拍摄，在知识共享世界宣言 1.0（Creative Commons Universal Declaration 1.0）下用于公共领域

图 5-17：图片由格兰芬多·伊瓦瓦（Gryffindor IlVaaa）合成，在知识共享 3.0 通用许可下使用

图 5-18：图片由拉里·比斯利拍摄

图 5-19：绘图和平面图渲染由库珀·罗伯逊合伙人事务所（Cooper Robertson + Partners）提供；图片由布莱恩·谢（Brian Shea）绘制

图 5-20：平面图渲染由温哥华市提供

图 5-21：图片由格兰芬多（Gryffindor）拍摄，在知识共享 3.0 通用许可下使用

图 5-22、图 5-23、图 5-24、图 5-25：图片由拉里·比斯利拍摄

图 5-26：图片由拉莫斯·K·M·程建筑师事务所（Lames K. M. Cheng Architects，Inc.）提供

图 5-27：图片由格兰芬多拍摄，在知识共享 3.0 通用许可下使用

图 5-28、图 5-29：图片由拉里·比斯利拍摄

图 5-30：图片由格兰芬多拍摄，在知识共享 3.0 通用许可下使用

图 5-31：图片由拉里·比斯利拍摄

图 5-32：图片由斯特利古塔斯泰克斯廷（Sterilgutassitextin）拍摄，在知识共享 3.0 通用许可下使用

图 5-33：图片由戴维·莫兰（David Moran）拍摄，在知识共享 3.0 通用许可下使用

图 5-34、图 5-35、图 5-36：图片由拉里·比斯利拍摄

图 5-37、图 5-38、图 5-39、图 5-40：图片由纽约市交通局提供

图 5-41、图 5-42：图片由拉里·比斯利拍摄

图 5-43：图片由让·克里斯托普·贝诺瓦（Jean-Christope BENOIST）拍摄，在知识共享 3.0 通用许可下使用

图 5-44、图 5-45、图 5-46、图 5-47、图 5-48、图 5-49：图片由拉里·比斯利拍摄

图 5-50：图片由 ROMA 设计工作室提供

图 5-51：图片由拉里·比斯利拍摄

图 5-52：渲染图由达拉斯市和三一信托基金（Trinity Trust）提供；由华莱士·罗伯茨和托德公司渲染

图 5-53：图片由拉里·比斯利拍摄

图 5-54：图片由彼得·拉德纳（Peter Ladner）提供，网址：www.urbanfoodrevolution.com

图 5-55：图片由拉里·比斯利拍摄

## 第 6 章

图 6-1：图片由达拉斯市 CityDesign 工作室提供

图 6-2、图 6-3、图 6-4：图片由拉里·比斯利拍摄

# 注释

第 1 章

1. 详见伊恩·麦克哈格的《设计结合自然》（花园城市，纽约：自然历史出版社为自然历史博物馆出版，1969；再版，纽约：威利出版社，1995（Garden City, NY: Published for the Museum of Natural History by the Natural History Press, 1969; repr., New York: Wiley, 1995）；另见菲利普·H·刘易斯（Philip H. Lewis）的《明天的设计》《Tomorrow by Design》《纽约：威利出版社，1995》。

2. 详见杨经文的《生态设计：生态设计手册》（Ecodesign: A Manual for Ecological Design）（伦敦：威利学院出版社，2006）（London: Wiley Academy, 2006）。

3. 有关当前对城市设计师的开放替代方案的更完整描述，详见乔纳森·巴奈特的《城市设计：现代主义、传统的、绿色和系统的视角》（City Design: Modernist, Traditional, Green and Systems Perspectives）（伦敦：劳特利奇出版社，2011）（London: Routledge, 2011）。

4. 详见杰米·勒纳（Jaime Lerner）的《城市针灸》（Urban Acupuncture）（华盛顿特区：岛屿出版社，2014）（Washington, DC: Island Press, 2014）。

5. 详见 2012 美国人口普查局（U.S. Census Bureau）《美国社区调查》数据，于 2013 年 11 月发布。

第 2 章

1. Paul J. Crutzen, "The Geology of Mankind", *Nature*, 415（January 3, 2002）. 保罗·J·克鲁岑，人类地质学，《自然》，415（2002 年 1 月 3 日）。

2. 关于当今气候变化及其危险的科学论据，请参考美国科学促进协会气候变化小组（Climate Change Panel of the American Association for the Advancement of Science）于 2014 年 3 月发表的报告《我们知道什么》（What We Know）。

3. 美国国家海洋和大气管理局的国家气候数据中心（National Climatic Data Center of the National Oceanographic and Atmospheric Administration）。

4. 设计重建是飓风桑迪总统重建工作队（President's Hurricane Sandy Rebuilding Task Force）的一个项目；它涉及纽约大学公共知识研究所（New York University's Institute for Public Knowledge）、市政艺术协会（the Municipal Art Society）、区域规划协会（Regional

Plan Association）和范艾仑（Van Alen）研究所。补充联邦政府资金的基金来源为洛克菲勒基金会（Rockefeller Foundation）、德意志银行美洲基金会（Deutsche Bank Americas Foundation）、赫斯特（Hearst）基金会、塞德纳（Surdna）基金会、JPB 基金会和新泽西州复苏基金。该项目一共有十个团队，分别为：

1）因特博若合伙人事务所（Interboro Partners）和新泽西理工学院基础设施规划项目（New Jersey Institute of Technology Infrastructure Planning Program）；代尔夫特理工大学（TU Delft）；项目公司（Project Projects）；RFA 投资；IMG 反叛者（IMG Rebel）；城市教育学中心（Center for Urban Pedagogy）；David Rusk（戴维·鲁斯克）；艾派克斯（Apex）；荷兰三角洲研究院（Deltares）；博世·斯拉贝斯（Bosch Slabbers）；H+N+S，以及棕榈滩城市景观（Palmbout Urban Landscapes）。

2）宾大设计 / 欧林（PennDesign/OLIN with PennPraxis）、英国标赫工程顾问公司（Buro Happold）、人力资源管理顾问（HR&A Advisors）和 E- 设计动力（E-Design Dynamics）。

3）WXY 建筑 + 城市设计 / West 8 城市设计与景观建筑与阿卡迪斯工程和史蒂文斯理工学院（WXY architecture + urban design / West 8 Urban Design and Landscape Architecture with ARCADIS Engineering and the Stevens Institute of Technology）、罗格斯大学（Rutgers University）；玛克辛·格里费思（Maxine Griffith）；帕森斯新设计学院（Parsons the New School for Design）；杜克大学（Duke University）；BJH 顾问公司（BJH Advisors），以及玛丽·埃德娜·弗雷泽（Mary Edna Fraser）。

4）皇家哈斯科宁 DHV 大都会建筑办公室（Office of Metropolitan Architecture with Royal Haskoning DHV）；巴尔莫里协会（Balmori Associates）；R/GA 公司和人力资源顾问（R/GA and HR&A Advisors）。

5）库珀、罗伯逊和合伙人的人力资源顾问（HR&A Advisors with Cooper，Robertson & Partners）；格雷姆肖（Grimshaw）；兰根工程（Langan Engineering）；W 建筑（W Architecture）；哈格里夫斯公司（Hargreaves Associates）；阿拉莫建筑师事务所（Alamo Architects）；城市绿化委员会（Urban Green Council）；铁矿石开发（Ironstate Development）；布鲁克林海军船坞开发公司（Brooklyn Navy Yard Development Corporation），以及美国新城市（New City America）。

6）帕森·布林克霍夫景观事务所（SCAPE with Parsons Brinckerhoff）；西尔克生态咨询公司（SeARC Ecological Consulting）；海洋和滨海顾问公司（Ocean and Coastal Consultants）；纽约港学校（the New York Harbor School）；菲尔奥尔顿 / 史蒂文斯研究所（Phil Orton/Stevens Institute）；保罗·格林伯格（Paul Greenberg）；LOT-EK 设计工作室，以及 MTWTF 设计工作室。

7）麻省理工学院高级城市化中心（MIT Center for Advanced Urbanism）和 ZUS 的荷兰三角洲集体（Dutch Delta Collective by ZUS）；都市化景观公司（De Urbanisten）；荷兰三角洲研究院（Deltares）；75B，以及沃尔克基础设施设计公司（Volker Infra Design）。

8）佐佐木公司（Sasaki Associates）和罗格斯大学以及奥雅纳公司（ARUP）。

9）比雅克·英格尔集团（Bjarke Ingalls Group）与一个建筑（One Architecture）；斯塔尔·怀特豪斯（Starr Whitehouse）；詹姆斯利马规划与开发公司（James Lima Planning & Development）；绿盾生态（Green Shield Ecology）；英国标赫（Buro Happold）；AEA 咨询公司（AEA Consulting），以及项目公司（Project Projects）。

10）密西西比州立大学的无桥建筑事务所（Unabridged Architecture with Mississippi State University）；瓦格纳和鲍尔建筑师事务所（Waggonner and Ball Architects）；海湾沿岸社区设计（Gulf Coast Community Design），以及城市教育学中心（the Center for Urban Pedagogy）。

5. 国家研究委员会（National Research Council），《水再利用：通过城市污水回用扩大国家供水的潜力》（Water Reuse: Potential for Expanding the Nation's Water Supply through Reuse of Municipal Wastewater），华盛顿特区：国家科学院出版社 2012 年版（Washington, DC: National Academies Press 2012）。

6.《世界人口前景》（World Population Prospects），2012 年修订本，联合国，纽约，2013 年。

7. 迪克森·德斯波米尔（Dickson Despommier），《垂直农场：养育 21 世纪的世界》（The Vertical Farm: Feeding the World in the 21st Century），纽约：圣马丁出版社（St. Martin's Press），2010 年。

8. 托马斯·蒂德韦尔（Thomas Tidwell），2013 年 6 月 4 日在参议院能源和自然资源委员会（the Senate Committee on Energy and Natural Resources）作证。

9. 詹姆斯·汉森（James Hansen），在纽约哥伦比亚大学的演讲，2012 年 9 月 22 日。

10.《强化地热系统（EGS）对于美国地热能未来的影响：麻省理工学院领导的跨学科小组的评估》（The Future of Geothermal Energy Impact of Enhanced Geothermal Systems（EGS）on the United States in the 21st Century, An Assessment by an MIT-Led Interdisciplinary Panel）爱达荷福尔斯（Idaho Falls）：爱达荷国家实验室（Idaho National Laboratory），2006 年。

## 第 3 章

1. 这些数据来自国际清洁运输委员会的《2013 年欧洲汽车市场统计》（International Council on Clean Transportation's *European Vehicle Market Statistics 2013*）。目前对轻型和重型车辆的预测数字和 2030 年的预测都来自这个来源。本段中的人口统计数据是由多种来源汇编的，这些来源在方法和时间框架等方面存在差异。产生的人均车辆数应该理解为近似。对文中未说明的比率解释如下：加拿大大约有 2200 万辆小汽车和卡车，人口约为 3500 万，即人均 0.62 辆；澳大利亚有 1500 万辆车，可容纳 2300 万人（人均 0.652 辆）；日本有 7500 万辆车，1.28 亿人（人均 0.59 辆）；欧盟有 2.74 亿辆车，可以容纳 5 亿人，也就是人均 0.55 辆。

2. 欧盟国家的汽车预测来自 2006 年的一份报告《全球汽车保有量和收入增长：1960—2030》，这是由利兹大学的乔伊斯·达基（Joyce Dargay）、纽约大学的德莫特·盖特利（Dermot Gately）和国际货币基金组织的马丁·索莫尔（Martin Sommer）通过新学院（the New School）托马斯·奥唐纳（Thomas W. O'donnell）博士的网站获得了上述链接。人口预测来自联合国。

3. 详见运输发展中心（the Center for Transit Oriented Development）于 2008 年 11 月为美国运输部（the U.S. Department of Transportation）和联邦运输管理局（Federal Transit Administration）撰写的报告《利用交通运输的价值》（Capturing the Value of Transit）。

4. 详见 BART Property Development，BART Transit-Oriented Development Program，2010 年 11 月。

5. Joel Garreau，*Edge City Life on the New Frontier*（New York：Doubleday，1991）。

6. 泰森角总体规划（The Tysons Corner Comprehensive Plan），详见 http：//www.fairfaxcounty.gov/tysons/comprehensiveplan/。

7. Matthew Braughton，Matthew Brill，Stephen Lee，Gary Binger，and Robert Cervero，*Advancing Bus Rapid Transit and Transit Oriented Corridors in California Central Valley*，Institute of Transportation Studies at the University of California，Berkeley working paper UCB-ITS-VWP-2011-3，June 2011.

8. 该合作伙伴关系由城市土地研究所西雅图分会（the Urban Land Institute Seattle chapter）、金县地铁运输公司（King County Metro Transit）、西雅图市、海岸线市（the City of Shoreline）和乌利 / 柯蒂斯地区基础设施项目（the ULI/Curtis Regional Infrastructure Project）共同组成。

9.《按国家分类的道路交通死亡数据》（Road Traffic Deaths Data by Country），世界卫生组织全球健康天文台数据库（Global Health Observatory Data Repository），http：//www.who.int/gho/road_safety/mortality/en/。

10. *2013 Report Card for America's Infrastructure*，American Society of Civil Engineers，http：//www.infrastructurereportcard.org/a/#p/home.

11. *Capacity Needs in the National Airspace System 2007–2025*，prepared by the MITRE Corporation for the Federal Aviation Administration，May 2007.

12. *Beyond the Tracks: The Potential of High-Speed Rail to Reshape California's Growth*，SPUR report，January 2011.

## 第 4 章

1. Lane Kendig with Susan Connor，Cranston Byrd，and Judy Heyman，*Performance Zon-*

*ing*（Chicago：Planners Press，American Planning Association，1980）.

2. 抵押贷款利息在加拿大不是免税的，但在美国是免税的。政府支持将公路和公用事业扩展到发展中地区也是一种补贴形式。

3. 详见简·雅各布斯（Jane Jacobs）所著的《美国大城市的死与生》，纽约：兰登书屋，1961 年（*The Death and Life of Great American Cities*，New York：Random House，1961）。

4. 建筑容积率为 10 意味着建筑的总建筑面积是其占地面积的 10 倍。

5. Clarence Perry，"The Neighborhood Unit"，in *The Regional Survey of New York and Its Environs*，vol. 7，*Neighborhood and Community Planning*（New York：Regional Plan of New York and Its Environs，1929）.

6. 其他的资助者为彼得·卡尔索普（Peter Calthorpe）、丹尼尔·所罗门（Daniel Solomon）、斯特凡诺斯·波利佐伊迪斯（Stephanos Polyzoides）和伊丽莎白·穆勒（Elizabeth Moule）。

## 第 5 章

1. 一些历史学家曾写道，拿破仑三世领导下的巴黎林荫大道的大规模扩建计划是为了帮助当局控制这座城市。当时几乎没有人相信这个做法会起作用，因为在 1870 年巴黎公社兴起时，林荫大道轻松地就被路障封锁了。

2. 有关清溪川的大部分统计信息来自首尔大都市区政府水质管理部门主任 Kie-Wook Kwon 的报告。

3. 概念建筑师有：赫伯特集团（The Hulbert Group）、VIA 建筑师事务所（VIA Architecture）、唐斯 / 阿尔汉堡（Downs/Archambault）、詹姆斯·K·M·程（James K. M. Cheng）、戴维森（Davidson）、袁·辛普森（Yuen Simpson）；景观设计师：唐沃恩协会（Don Vaughn Associates）负责概念设计，而菲利普斯·沃利·龙（Philips Wuori Long）负责详细规划；主要城市设计分工：拉里·比斯利为经理、高级规划师和城市设计师，帕特·沃瑟斯普（Pat Wotherspoo）和伊恩·史密斯（Ian Smith）为项目经理和区域规划师，拉尔夫·塞加尔（Ralph Segal）和乔纳森·巴奈特负责城市设计和发展规划，吉姆·洛登（Jim Lowden）负责公园规划，埃兰·杜瓦尔（Elain Duvall）负责住宅规划，苏珊·克里夫特（Susan Clift）和米歇尔·布莱克（Michelle Blake）为工程师。

4. 详见艾伦·雅各布斯（Allan Jacobs）的《伟大的街道》（Great Streets）北京：中国建筑工业出版社，2009 年），以及艾伦·雅各布斯、伊丽莎白·麦克唐纳（Elizabeth Mac-Donald）和约丹·罗夫（Yodan Rofe）所著的《林荫大道》（The Boulevard Book）（剑桥，马萨诸塞州：麻省理工学院出版社，2003 年）。这两本书都清晰地描绘了许多关于不同城市成功街道的规划，并配以艾伦·雅各布斯出色的素描。另外还可参考国家城市交通官员协会（National Association of City Transportation Officials）的《城市街道设计导则》（Urban Street

Design Guide)（纽约：NACTO，2013 年）；芭芭拉·麦肯（Barbara McCann）和苏珊·莱恩（Suzanne Rynne）所著的《完整的街道：最好的政策和实施实践》（Complete Streets：Best Policy and Implementation Practices）（New York：American Planning Association，Planning Advisory Service，2010），以及维克多·多佛（Victor Dover）和约翰·梅森格尔（John Messengale）所著的《街道设计：伟大城镇的秘密》（Street Design：The Secret to Great Cities and Towns）（New York：Wiley，2014）。

5. 要想了解盖尔的哲学和方法的完整阐述，请参阅扬·盖尔的《人性化的城市》《Cities for People》（北京：中国建筑工业出版社，2010 年）。

6. Lawrence Frank, Peter Engelke, and Thomas Schmid, *Health and Community Design: The Impact of the Built Environment on Physical Activity*（Washington，DC：Island Press，2003）；and Howard Frumkin, Lawrence Frank, and Richard J. Jackson, *Urban Sprawl and Public Health: Designing, Planning, and Building for Healthy Communities*（Washington，DC：Island Press，2004）。

7. 扬·盖尔，与乔纳森·巴奈特的对话，哥本哈根，2013 年 7 月。

8. 引用于玛丽亚·斯坦布勒（Maria Stambler），"城市规划师扬·盖尔为莫斯科项目提供建议"，莫斯科新闻在线，2013 年 7 月 19 日（Urban Planner Jan Gehl Wraps Moscow Project with Advice," *Moscow News* online，July 19，2013）。

9. Ray Oldenburg, *The Great Good Place: Cafes: Coffee Shops, Bookstores, Bars, Hair Salons, and Other Hangouts at the Heart of a Community*（New York：Marlowe House，1989）。

10. William H. Whyte, *City: Rediscovering the Center*（Garden City，NY：Doubleday，1988，and also the earlier William H.Whyte, *The Social Life of Small Urban Space*（Washington，DC：The Conservation Foundation，1980；repr.，New York：Project for Public Spaces，2001）。

11. Anne Whlston Spirn, *The Granite Garden: Urban Nature and Human Design*（New York: Basic Books，1984）。

12. Herbert Dreiseitl and Grau Ludwig Dreiseitel, *Waterscapes: Planning, Building and Designing with Water*（New York：Princeton Architectural Press，2001）；Herbert Dreiseitl, *New Waterscapes*（New York: Princeton Architectural Press，2005）；and Herbert Dreiseitl and Dieter Grau, *New Waterscapes: Planning, Building and Designing with Water*（Basel：Birkhauser，2009）。

# 第 6 章

1. "迈阿密 21"是一个明显的例外；跨界命名法适用于整个城市的法规。然而，仔细检查该条例就会发现，在六个样区和许多额外的区内有许多分区，因此分区类别的数目可与常规条例相比较。在区域和地区内也有很大的土地使用限制，很多地区的法规基本上保持不变，只是地区的名称已经改变。这条法令的重大创新在于将新的发展集中在主要街道的走廊上。

## 作者简介

乔纳森·巴奈特（Jonathan Barnett）是宾夕法尼亚大学城市和区域规划实践的荣誉教授，曾任城市设计项目主任。他是一名建筑师和规划师，也是一名教育家，著有大量关于城市设计理论和实践的书籍和文章。

拉里·比斯利（Larry Beasley）是退休的温哥华城市规划师。他现在是英属哥伦比亚大学（University of British Columbia）"杰出的规划实践教授"，也是国际规划咨询公司 Beasley and Associates 的创始负责人。他是加拿大骑士团成员，这是加拿大授予平民终身成就的最高荣誉。

## 译者简介

冷红，女，哈尔滨工业大学建筑学院长聘教授，博士生导师，城乡人居环境规划技术研究所所长，教育部新世纪优秀人才入选者，黑龙江省青年科技奖、留学人员报国奖获得者，国家注册城市规划师；教育部高等学校城乡规划专业教学指导分委会委员、全国高等学校城乡规划专业评估委员会委员；《国际城市规划》及《城市规划学刊》编委、《城市规划》特邀审稿人等。主要研究方向为气候适应性城市规划、健康宜居导向的寒地城市规划、乡村人居环境规划与建设等。

肖雨桐，女，沈阳新建大城市规划设计有限公司助理工程师，本科、硕士毕业于哈尔滨工业大学建筑学院。

# 译后记

对于译者而言，本书的翻译既是一项有挑战性而又辛苦的工作，同时又是一个重要而愉快的学习过程。本书的两位作者乔纳森·巴奈特和拉里·比斯利都是国际知名的城市设计专家，他们基于多年城市设计领域的研究和实践，在书中系统地研究和提出了可持续宜居的城市和郊区生态设计理论框架及实施路径，在当前世界人口增加给地球运行系统带来巨大压力的背景下，生态设计对于保护和恢复自然生态系统以及适应气候变化和提升建成环境质量具有重要意义，相信读者也一定会从他们的研究中得到许多有益的启示。

本书中文版的问世，要感谢中国建筑工业出版社的戚琳琳主任及孙书妍编辑的辛苦付出。还要感谢哈尔滨工业大学建筑学院袁青教授以及宋世一、刁喆、王碧薇、罗紫元、任丹丹、赵欣等在书稿翻译初期的协助。此外，感谢肖雨桐的大力协作。

虽然译者全力付出，但因时间仓促和语言局限，译文难免有谬误，还望读者不吝指教。

2020 年 5 月于哈尔滨工业大学土木楼